TRAITÉ

DE

FAUCONNERIE

Et d'Autourserie

SUIVI D'UNE ÉTUDE SUR LA PÊCHE AU CORMORAN

TRAITÉ

DE

FAUCONNERIE

Et d'Autourserie

SUIVI D'UNE ÉTUDE SUR LA PÊCHE AU CORMORAN

PAR

ALFRED BELVALLETTE

ÉVREUX

IMPRIMERIE DE CHARLES HÉRISSEY

4, rue de la Banque, 4

1903

À MON ÉMINENT CONFRÈRE EN FAUCONNERIE

Pierre-Amédée PICHOT

*je dédie ce modeste ouvrage, en souvenir de nos nombreuses parties
de chasse au vol et de nos longues causeries sur le noble sport à la renaissance
duquel nous avons consacré tant d'efforts.*

Mai 1903.

AVANT-PROPOS

Fauconnerie! mot magique qui sonnes comme une fanfare, quel sentiment de curiosité tu éveilles en nous, et quels souvenirs vagues et lointains tu évoques dès que tu viens frapper nos oreilles!

C'est que le noble sport que tu rappelles a passionné pendant plusieurs siècles des générations de rois et de gentilshommes, et qu'il nous est impossible d'entendre aujourd'hui prononcer ton nom, sans qu'aussitôt notre imagination ne nous représente, dans le décor féerique d'un domaine seigneurial, toute l'originalité des chasses au faucon d'autrefois, comme tout le luxe de leur mise en scène!

Dès les temps les plus reculés de notre histoire, la *chasse au vol* fut considérée comme un des plus précieux privilèges de la noblesse, comme un de ses plus aristocratiques *déduits ;* estimée à l'égal de la vénerie par la plupart de nos princes, elle fleurit en France jusqu'à la fin du siècle dernier, après avoir brillé pendant tout le Moyen Age et la Renaissance d'un éclat incomparable.

« Elle était alors tellement en honneur, dit Elzéar Blaze, « qu'un gentilhomme et même une dame châtelaine ne parais- « saient pas en public sans avoir le faucon sur le poing. Beau-

« coup d'évêques et d'abbés les imitaient : tous entraient dans
« les églises avec leurs oiseaux, qu'ils déposaient pendant
« l'office divin sur les marches de l'autel. Les ecclésiastiques
« les mettaient du côté de l'Evangile, s'attribuant ainsi la place
« d'honneur ; les seigneurs laïques les plaçaient du côté de
« l'Epître. Dans les cérémonies publiques, les nobles hommes
« portaient un faucon sur le poing droit, comme ils portaient
« une épée sur la cuisse gauche. Les prélats eux-mêmes se
« délassaient de leurs graves occupations en chassant au
« faucon. Certaines redevances leur accordaient des oiseaux
« apprivoisés et entraînés. Ainsi la terre de Maintenon devait
« tous les ans à l'évêque de Chartres *un Espervier armé et*
« *prenant proye*, c'est-à-dire dressé à la chasse et garni de
« jets, de sonnettes et du chaperon. »

Au nombre de ces redevances typiques, on peut citer celle
du grand maître de l'ordre de Saint-Jean de Jérusalem, qui
envoyait chaque année douze oiseaux au roi de France.
L'abbaye de Saint-Hubert ne manquait pas de lui en adresser
six, et le roi de Danemark, comme le duc de Courlande, lui
faisaient annuellement hommage de gerfauts et autres oiseaux
saches de non moins rares.

Dans les réceptions solennelles, l'usage de porter le faucon,
ce signe de noblesse, était rigoureusement observé, et le soin
jaloux qu'on mettait à l'exhibition de ces précieux oiseaux dit
assez en quel honneur était alors tenue la fauconnerie en
France. L'histoire de notre pays nous en fournit maints
exemples : « Quand Marie de Médicis vint d'Italie pour
« épouser Henri IV et débarqua à Marseille, ne faisait-elle pas
« porter devant-elle un alèthe par un officier de sa maison ?
« et ne voyons-nous pas le Maréchal de Montmorency, envoyé

« par Henri II en ambassade extraordinaire en Angleterre,
« pour y ratifier le traité relatif à la restitution de Boulogne,
« faire son entrée dans Londres entouré de vingt-six gentils-
« hommes portant chacun un faucon sur le poing !

« L'avocat Barbier parlant de l'entrée de Louis XV à Paris
« le 27 août 1752 nous apprend que le roi était précédé par
« le guet à cheval, les mousquetaires noirs, les mousquetaires
« gris, les chevau-légers, et les officiers de la fauconnerie
« avec l'oiseau sur le poing[1]. »

Parmi nos rois de France, saint Louis, Charles VI,
Louis XI, Charles VIII, Louis XII, François Ier, Henri IV
furent certes de grands amateurs d'oiseaux ; mais c'est surtout Louis XIII qui montra une véritable passion pour la
chasse au vol et l'on peut dire que c'est sous ce prince,
secondé de son fidèle de Luynes, que la fauconnerie atteignit
son apogée chez nous.

Si depuis le règne de ce monarque elle semble décliner et
perdre un peu de sa faveur, il faut reconnaître qu'à la fin du
xviiie siècle son culte était encore bien vivant et son orga-
nisation bien forte, puisqu'en 1787, à la veille même de la
révolution, plus de quatre-vingts gentilshommes, fauconniers
et piqueurs, étaient encore attachés à la fauconnerie royale !

Pourquoi ce sport charmant, qui fit les délices de nos
pères, est-il tombé en désuétude ? Les faucons sont-ils plus
rares ? La manière de les dresser s'est-elle perdue ? Ne
trouve-t-on plus en France les emplacements voulus pour
se livrer à la *volerie ?* N'avons-nous plus enfin aucun goût

---

[1] MAGAND D'AUBUSSON : *La Fauconnerie au moyen âge et dans les temps modernes.* (Voir pour la composition de la Grande Fauconnerie royale sous Louis XV les notes à la fin du volume.)

pour ce délicieux passe-temps ? C'est à des causes bien diverses qu'est dû l'oubli dans lequel est tombée la chasse au vol !

« L'invention du menu plomb qui rendit la pratique de la chasse si facile, dit Schlegel, la ruine des privilèges seigneuriaux, le morcellement de la propriété qui en fut la conséquence, le bouleversement général de l'ancien ordre de choses et plus de vingt ans de troubles tels que l'Europe n'en avait essuyé depuis des siècles suffirent pour faire oublier un exercice qui rappelait trop ouvertement les somptuosités et la profusion des temps passés pour ne pas encourir la désapprobation publique. »

Rien n'est plus exact : Le dispersement des fauconniers, emportés par la tourmente révolutionnaire avec les institutions qu'ils représentaient, la haine qui s'attacha pendant de longues années à tout ce qui, de près ou de loin, rappelait l'ancien régime sont évidemment les principales raisons auxquelles il faut attribuer la chute de la fauconnerie française.

Car les oiseaux, Dieu merci ! sont encore en grand nombre ; la manière de les dresser n'a pas changé ; elle est aujourd'hui ce qu'elle était au moyen âge, ce qu'elle sera dans les siècles futurs, aussi immuable que le caractère même des oiseaux ; ce n'est donc qu'à la difficulté de se livrer à la grande fauconnerie en France, jointe à la disparition des anciens équipages et de leurs fauconniers et, par suite, au manque de connaissances spéciales, qu'est dû l'abandon de notre sport favori.

N'y a-t-il donc aucun moyen de le faire revivre ? et n'existe-t-il pas quelques *vols* auxquels nous puissions encore nous exercer ? Oui, certes, et c'est ce que nous voulons démontrer ici.

La fauconnerie, en effet, cet art *d'affaiter et de gouverner les oiseaux de chasse*, se divisait autrefois en deux branches bien distinctes : la *fauconnerie* proprement dite, qui avait pour objectif l'éducation des faucons en général, et l'*autour-serie*, qui se bornait au dressage exclusif de l'autour et de l'épervier : On distinguait ainsi deux sortes de chasse : le Haut Vol et le Bas Vol. Nous allons examiner dans les deux traités qui vont suivre quels sont les vols appropriés aux différents terrains de chasse dont on dispose, et nous espérons arriver à prouver que la fauconnerie est non seulement possible, mais, dans beaucoup de cas, facile à pratiquer en France !

Cette étude n'a du reste pas d'autre ambition ; elle n'a aucune prétention littéraire et son seul objectif est une explication aussi simple et aussi claire que possible des moyens à employer pour arriver à un résultat. Le but que nous poursuivons est de permettre à tous ceux que la chasse au vol pourra séduire, de se tirer d'affaire sans autre secours que celui des explications qui vont suivre, et nous nous estimerons trop heureux si la lecture du présent ouvrage vaut à la fauconnerie quelques nouveaux adeptes.

Bien des livres de fauconnerie ont paru autrefois ; bien des traités concernant la matière ont été publiés, mais, s'adressant à des lecteurs pour qui notre sport n'était pas lettre morte, ils ne sont pas entrés dans les mille et un détails du métier alors connus de tous et absolument ignorés aujourd'hui ; on ne saurait donc trouver, parmi tous ces ouvrages, ce qu'on pourrait appeler un manuel, un *vade mecum* qu'on puisse consulter utilement lorsqu'on se trouve en présence des mille et une difficultés du début. C'est cette lacune que nous avons voulu combler en résumant dans ce volume les meilleurs moyens de dressage et en prévoyant la plupart des cas embarrassants qui pourront se présenter aux amateurs encore inexpérimentés.

TRAITÉ

DE

FAUCONNERIE

Lorsqu'à l'origine l'homme voulut soumettre à ses besoins les animaux dont il sentait la collaboration indispensable, il chercha à s'adjoindre, parmi les différentes espèces qu'il avait observées à l'état de nature, celles qui lui paraissaient le mieux douées et par conséquent le plus capables de lui venir en aide.

Examinons, puisque nous ne nous occupons dans cet ouvrage que d'oiseaux de chasse, quel choix il sut faire dans la gent ailée, pour parvenir à capturer un gibier que seules, à ces époques lointaines, la pierre incertaine d'une fronde ou la flèche problématique d'un arc rudimentaire parvenaient de temps en temps à abattre.

La classe des oiseaux de proie, si confusément variée pour l'homme des premiers âges et aujourd'hui si méthodiquement classée par nos savants modernes, s'offrait tout naturellement à son observation attentive. Nous allons étudier les différentes espèces qui se présentaient à lui et voir pourquoi la sélection judicieuse qu'il sut faire, parmi elles, de collaborateurs forts et adroits, devait se trouver à jamais ratifiée par tous les fauconniers passés, présents et futurs.

Les Rapaces diurnes se divisent en deux grandes familles ; les Vulturidés et les Falconidés.

Des premiers il ne dut jamais être question au point de vue du

dressage ; leur poids énorme, la lourdeur de leur vol, leurs ins-
tincts vils et grossiers, aussi bien que leur stupidité, devaient à
tout jamais les éliminer d'un choix à faire.

Restaient donc les falconidés, parmi lesquels on trouvait des
espèces légères, courageuses et bien autrement maniables.

La famille des falconidés se divise en 9 genres :

1° Caracara, Polyborus.

2° Aigle, Aquila.

3° Pygargue, Pontoaëtus.

4° Spizaète, Spizaetus.

5° Buse, Buteo.

6° Milan, Milvus.

7° Faucon, Falco.

8° Epervier, Accipiter.

9° Busard, Circus.

Or, cette nombreuse famille se compose d'oiseaux qui présentent, au point de vue anatomique, des dissemblances sensibles qui
jouent un très grand rôle dans leur façon respective de voler :
nous voulons parler des rameurs et des voiliers. Une explication
est ici nécessaire, et nous ne pouvons mieux faire que d'en laisser
le développement à Hubert de Genève, auteur d'un livre paru à
la fin du xviiie siècle sur le vol des oiseaux de proie et qui fait
autorité en la matière.

« La nature elle-même a fait cette division (classe des rameurs
« et des voiliers). Deux ailes totalement différentes sont les modèles
« de toutes les ailes qui se trouvent dans la classe des oiseaux
« de proie.

« L'aile désignée par ces mots « aile rameuse » présente une
« forme découpée et propre à frapper l'air avec force et fré-
« quence. L'aile appelée « voilière » présente au contraire une
« forme large et émoussée, impropre à frapper l'air comme la
« précédente, mais propre, vu sa surface, à remplir l'office d'une
« voile. Les battements dont cette dernière est capable imitent
« mais trop faiblement les battements de la première, pour qu'on

« lui attribue d'autre faculté que celle d'agir comme une voile.

« L'effet de l'aile rameuse est de vaincre le fluide élastique sur
« lequel elle agit. Frappant contre le vent, elle rencontre une

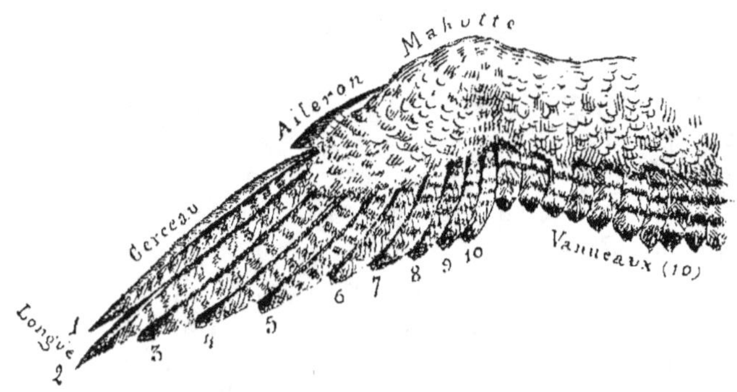

Aile rameuse (Faucon) rame composée de 10 pennes.

« résistance qui élève l'oiseau à mesure qu'il avance ; mais l'oi-
« seau avance et par son poids spécifique et par la faculté que

Aile voilière (Milan).

« possède une aile aiguë de couper le vent. Quand l'aile rameuse
« agit vent arrière, elle ne rencontre aucune résistance capable
« de hausser l'oiseau ; elle en rencontre même beaucoup moins que
« lorsque l'air est calme ; son effet, en ce cas, est de soutenir
« l'oiseau dans la direction horizontale et de favoriser sa dili-

« gence, soit par ses propres forces, soit par le secours du vent
« qui agit sur elle selon que l'individu sait la disposer.

« Il y a cette différence entre l'aile rameuse et l'aile voilière,
« que l'une frappe droit sous elle et l'autre de l'avant à l'ar-
« rière.

« Pour faire comprendre comment il se peut, qu'en frappant
« droit à plomb, ou verticalement sous elle-même, l'aile rameuse
« porte l'oiseau en avant, il faut observer que le dessous de l'aile
« est en manière de voûte, dont la partie la plus inclinée prend
« de l'avant de l'aile à la naissance des pennes et des vanneaux.
« Si peu sensible que soit cette voûte quand l'aile est immobile,
« elle devient sensible quand l'aile frappe l'air avec force : alors
« la partie solide qui borde la partie antérieure de l'aile coupe
« l'air, pendant que le reste cède en raison de la force du
« coup, et ce peu de surface inclinée, chassant l'air (*en arrière*
« *plus qu'en dessous*), est cause de la progression qui n'aurait pas
« lieu si l'aile était parfaitement plate et également ferme dans
« toute la surface. (Les papillons volent en culbutant parce que
« leurs ailes sont plates.)

« Toutes les parties de l'aile concourent à sa progression et les
« pennes élastiques (*cédant et se remettant aussitôt*) portent
« nécessairement en avant le corps qu'elles accompagnent. Le
« ressort de l'air, réagissant avec plus de force encore, double
« les moyens de projection ; car cédant avec résistance pendant
« le fort du coup qui le frappe, il agit à son tour, pendant les
« intervalles des battements, avec la force d'un ressort qui se
« détend après avoir été forcé en sens contraire.

« L'aile voilière forme aussi la voûte qui est nécessaire à la
« projection par les raisons qu'on vient de lire, mais la projection
« est d'autant plus ralentie que les battements sont moins forts,
« moins fréquents et les pennes plus molles. Elle ne peut même
« projeter horizontalement l'oiseau que vent arrière.

« Les ailes sont le gouvernail des oiseaux ; pour tourner à
« droite l'aile gauche bat avec force, la droite se meut d'autant

« moins que le tour est plus court et plus entier ; elle reste
« presque immobile quand l'oiseau tourne sur lui-même.

« On comprend assez quelles doivent être les gradations de la
« pirouette à la ligne droite, qui est d'autant plus droite que le
« mouvement des deux ailes est plus égal.

« Quand l'oiseau plane, il tourne sans faire aucun mouvement
« des ailes qui soit sensible ; dans ce cas, c'est en baissant un
« peu le côté sur lequel il tourne et en levant l'opposé qu'il se
« projecte en rond et en spirale plus ou moins aplatie.

« En considérant les deux ailes, sur la planche ci-contre, on
« observera que les pennes de l'aile rameuse sont médiocrement
« larges dans leur milieu et se terminent sans échancrure en
« pointe adoucie ; et, au contraire, que les pennes de l'aile voilière
« sont très larges dans leur milieu et que les cinq principales
« sont fortement échancrées et deviennent tout à coup étroites et
« effilées dès l'échancrure.

« L'effet de l'assemblage de l'aile rameuse est de couper l'air
« en le comprimant avec force ; les pointes des pennes ne lais-
« sant entre elles d'intervalles qu'à leurs extrémités, l'air est
« comprimé jusqu'à l'extrémité de l'aile, au contraire de l'aile
« voilière, dont l'assemblage laisse passer librement l'air dès
« l'échancrure, par les intervalles que laissent entre elles cinq
« pointes longues et effilées. »

On peut voir par ce qui précède la supériorité du vol des
rameurs sur celui des voiliers, au point de vue de la rapidité et
de la puissance.

Or dans toute la famille des Falconidés, les faucons seuls sont
des rameurs : leur choix s'imposait donc. Est-ce à dire que parmi
les autres falconidés, tous voiliers, il n'y eut pas un choix à faire ?
Était-il possible que, parmi tant d'oiseaux si bien armés et si
vigoureux, quelques-uns ne fussent pas doués de certaines qualités qui, pour être différentes de celles des rameurs, n'en étaient
pas moins remarquables et dignes d'être utilisées dans certaines
circonstances ? Assurément oui, et c'est ce que les premiers fau-

conniers comprirent fort bien en choisissant les deux meilleurs
voiliers de toute cette grande famille, c'est-à-dire l'autour et
l'épervier. Pourquoi firent-ils ce choix ?... C'est que ces deux
voiliers qui appartiennent tous deux au genre 8ᵉ de la Classification moderne (Épervier) diffèrent de leurs congénères par
une particularité, qui leur a fait donner le qualificatif de voiliers
saillants et qui les rend précieux au point de vue du vol ; mais
laissons encore la parole à Huber.

« On a choisi ce nom de voiliers saillants pour l'appliquer à
« certains oiseaux distingués des autres voiliers par la faculté
« que leur donne une conformation particulière de faire dans un
« court espace une diligence extraordinaire, par une espèce de
« saut dont les voiliers communs sont absolument incapables.

« Les ailes de ces oiseaux, quoique parfaitement voilières par
« leur coupe, sont cependant beaucoup plus fortes que les voi-
« lières communes, et cette force est due aux muscles des indi-
« vidus et à la consistance des pennes, lesquelles sont bigarrées
« contre l'ordinaire des pennes voilières.

« La conformation du corps de ces oiseaux annonce la promp-
« titude dont ils sont capables. Ils sont très élancés, et cependant
« membrés très fortement ; ils ont la tête petite et le cou effilé ;
« les épaules et les reins larges, quoique ramassés dans leur con-
« tenance ; leurs ailes sont très courtes, leurs queues passable-
« ment longues, leurs cuisses longues et charnues, ainsi que
« leurs jambes hautes et nerveuses, puis leurs serres ouvertes
« fortes et déliées : Tout annonce l'aptitude au saut.

« Au tact, leur corps a plus de consistance que celui des voi-
« liers communs, quoiqu'il en ait moins que celui des rameurs.
« Leurs mouvements sont brusques, vigoureux et lestes ; ils se
» remettent adroitement, étant attachés sur le poing ou sur la
« perche, au lieu que les voiliers communs pendent à la perche
« et se débattent avec la mollesse d'oiseaux mouillés ; aussi leur
« départ au saut est-il aussi prompt que l'éclair.

« Le saut paraît composé d'un élancement qui part de la plante

« des pieds, puis d'une forte et brusque contraction des ailes,
« et son effet paraît dépendre, pour l'ordinaire, de la position. Il
« s'effectue de plusieurs manières, de bas en haut, de niveau, et
« de haut en bas. Le saut montant exige plus d'efforts, et ne
« porte que six ou sept toises. Le saut de niveau en avant n'exige
« guère moins d'efforts et ne porte guère plus loin. Le saut plon-
« geant qui est le plus ordinaire exige moins d'efforts que les
« précédents, parce que l'oiseau s'abandonne en partie à son
« poids et au ressort qui le relève comme cela existe pour les
« passades des rameurs.

« La différence qu'il y a cependant du saut à la passade est
« très grande par son intention ainsi que par son résultat. On
« sait que la passade reporte à sa hauteur le rameur qui vient de
« manquer son coup en effleurant sa proie. Le saut porte l'oiseau
« en remontant droit à sa proie qu'il prend alors par-dessous et
« c'est ce qui s'appelle trousser.

« Le saut montant a lieu quand la proie vient passer par-dessus
« l'oiseau à la portée de son ressort, il en est de même du saut
« en avant. Mais le saut plongeant est le plus ordinaire et il porte
« plus ou moins loin, selon la hauteur d'où il part. La courbe
« qu'il décrit a presque toujours la même figure et ne diffère que
« par l'étendue. Ainsi la courbe qui part du haut d'un arbre est
« semblable sans être égale à celle qui part du poing d'un homme
« à pied ; du haut d'une montagne escarpée, le saut peut porter à
« un demi-mille. Ce serait trop charger la mémoire des lecteurs
« que de parler à présent de toutes les variantes que la pratique
« fait apercevoir, et qui ne sont sensibles, chez les oiseaux asser-
« vis, que lorsque les sujets ont des qualités extraordinaires.

« Le saut fait avec ou sans succès, l'aile, rendue à son état de
« voilière, n'est plus capable d'aucune vitesse et ne sert qu'à
« planer.

« Il est encore un moyen que les voiliers saillants n'emploient
« que dans certains cas, c'est le vol à tire-d'ailes en droite ligne.
« Ces oiseaux n'entreprennent à tire-d'ailes que le gibier qu'ils

« jugent assez faible pour ne pouvoir leur échapper de cette ma-
« nière. Ils entreprennent aussi à tire-d'ailes de haut en bas et
« sont alors d'une vitesse extrême tant que dure la descente en
« droite ligne, mais pour peu que la proie s'élève en tournoyant
« ils renoncent à l'entreprise.

« Dans le cas où ni le saut, ni le vol à tire-d'ailes ne peuvent
« avoir lieu, ces oiseaux s'élèvent comme les voiliers communs,

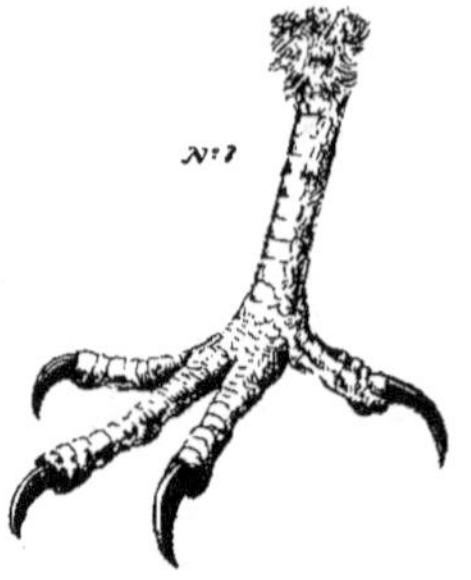
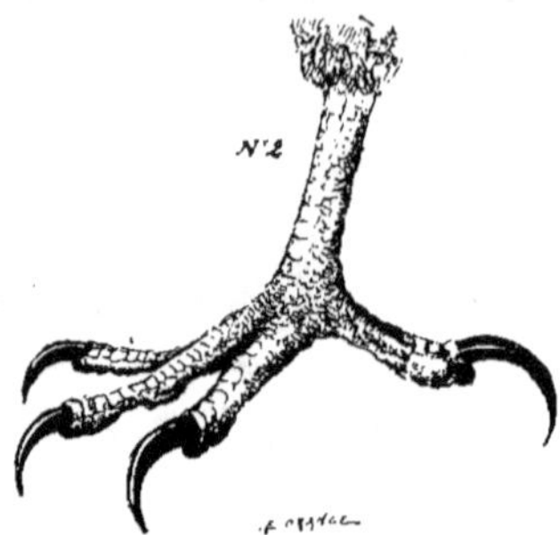

Griffe de buse (Ignoble).   Pied d'autour (noble).
(Voilier commun)   (Voilier saillant)
(Oiseaux de même corpulence).

« pour revoir la proie qui est partie hors de leur portée. De cer-
« taine hauteur ils la revoient au loin, marquent sa remise et s'y
« portent à leur aise, se plaçant alors à portée d'employer leur
« grand moyen, le saut. »

Des explications qui précèdent, il résulte, en faveur des voiliers
saillants, merveilleusement armés par la nature et doués de plus
de la qualité précieuse de s'élancer d'un trait avec une vitesse
surprenante sur la proie qui part devant eux, une supériorité
incontestable sur les voiliers communs. Il était donc tout naturel
que l'homme fît son choix des premiers.

Nous venons de donner les causes de la supériorité des rameurs
sur les voiliers, puis des voiliers saillants sur les voiliers communs. Elles ne font que justifier la sélection faite par les premiers

chasseurs qui, eux, n'eurent pour guide que leurs observations journalières. C'est donc avec raison qu'ils éliminèrent, au point de vue du dressage, la plupart des falconidés pour ne conserver que les deux genres faucons et éperviers comme les plus rapides, les plus adroits, les plus capables de leur rendre des services.

Semblant consacrer le choix judicieux fait par leurs devanciers, les fauconniers disent ces oiseaux « nobles » par opposition à tous les autres falconidés dits ignobles (classification que Cuvier lui-même a adoptée). Ce titre leur vient de ce fait qu'en liberté, ces oiseaux ne se nourrissent jamais que de proie vivante, contrairement à leurs congénères qui se gorgent de toutes espèces de viandes. Quelques-uns, parmi ces derniers, ne les dédaignent pas en putréfaction et l'aigle lui-même, malgré sa majesté de convention, ne fait pas fi de chairs corrompues; aussi n'échappe-t-il pas à l'épithète infamante! Les oiseaux nobles, au contraire, ont des goûts plus relevés; la nature les a en effet trop bien doués, pour qu'ils n'aient pas le moyen de s'offrir des morceaux de choix, et c'est avec raison qu'ils méritent ce qualificatif, qu'ils justifient de plus par la splendeur de leurs formes, leur adresse merveilleuse, la puissance de leur vol et la perfection de leurs armes!

OISEAUX EMPLOYÉS EN FAUCONNERIE

RAMEURS

GRANDES ESPÈCES . .	Faucon du Groënland. Faucon d'Islande. Gerfaut. Sacre.	
ESPÈCES MOYENNES .	Lanier. Shahin. Faucon (dit Pèlerin).	OISEAUX DE LEURRE. —— HAUTE VOLERIE.
PETITES ESPÈCES . .	Émerillon. Hobereau.	

VOILIERS

Autour. Épervier.	OISEAUX DE POING. —— BASSE VOLERIE.

NOTA. — Dans certaines parties de l'Asie, on se sert, pour la basse volerie, d'un grand aigle (Berkout) et encore d'un aigle moyen (Bonelli) pour la chasse de gros quadrupèdes que, seule, la force de ces oiseaux parvient à arrêter ; mais ils sont d'un caractère dangereux et d'un maniement difficile, et nous n'en parlons ici que pour mémoire.

FAUCON GROENLANDAIS ou FAUCON BLANC

(FALCO CADICANS)

Diagnose : *Oiseau sors*[1] *:* Fond du plumage brun, plumes de la poitrine et de l'abdomen marquées de taches brunes ; bec, cire, membranes des yeux et pieds bleuâtres.

Oiseau mué : Poitrine d'un blanc éclatant, le blanc dominant sur tout le reste du corps ; la tête, le derrière du cou striés de petites raies brunes longitudinales très minces ; le dos et la tranche extérieure des ailes marqués de taches noirâtres en forme de losanges ; le bec jaune pâle avec la pointe brune, la cire la membrane des yeux et les pieds jaune verdâtre.

La femelle a des taches plus larges et plus nombreuses que le mâle, elle est aussi plus forte (comme chez tous les falconidés), les tarses sont recouverts de plumes dans leur deux tiers supérieurs. Taille 0^m,60 à 0,^{m}65 du sommet de la tête à l'extrémité de la queue.

Revêtu de sa livrée parfaite le faucon blanc peut être considéré comme le plus beau des oiseaux employés en fauconnerie.

La splendeur de ses formes et de son plumage jointe à sa taille et à son courage, ainsi que son caractère maniable, en faisait jadis un cadeau vraiment royal.

Ce magnifique oiseau habite le Groenland la Sibérie et toutes les bordures de l'Amérique septentrionale. On le trouve à demeure dans les territoires qui avoisinent la baie d'Hudson.

On en a vu accidentellement en Suède et en Écosse, emportés

[1] Voir le dictionnaire.

sans doute par la tempête; peut-être aussi suivaient-ils les migrations des Ptarmigans dont ils font leur nourriture habituelle; souvent ces derniers, pour éviter les attaques du faucon blanc, plongent dans la neige épaisse et s'y creusent de véritables tunnels
d'une longueur parfois considérable.

Le Groënlandais, Faucon blanc mué (d'après Schlegel).

FAUCON D'ISLANDE (Falco Islandus)

DIAGNOSE : *Oiseau sors :* Mêmes caractères généraux que chez le Groënlandais avant la première mue et même taille, à peu de chose près.

Oiseau mué : La confusion avec le faucon blanc n'est plus possible : poitrine blanche avec, au centre de chaque plume, une tache brune en forme de cœur, très petite à la gorge, plus grosse à la poitrine et s'élargissant en losange sur l'abdomen ; le dessus de la tête blanc avec des stries longitudinales de couleur brune et très minces, le manteau brun, le dessus des ailes d'un brun ardoisé, chaque plume du dos frangée de blanc et marquée dans son milieu d'un ou de deux points également blancs ; la queue striée horizontalement de larges bandes brunes. Bec bleu foncé, jaune à la base et noir à l'extrémité, pieds verdâtres. Taille, du sommet de la tête à l'extrémité de la queue, 60 centimètres environ. Comme mœurs et caractère il ressemble au Groënlandais. Cette espèce est particulière à l'Islande où elle semble sédentaire, car on ne la trouve pas autre part. Elle habite l'été l'intérieur de l'île, et ce n'est que l'hiver qu'elle fait sur les bords de la mer une guerre acharnée aux lagopèdes et aux oiseaux aquatiques qu'elle peut surprendre sur le rivage.

Fort estimé autrefois, le faucon d'Islande constituait un présent des plus précieux que les rois de Danemark et les ducs de Courlande se plaisaient à envoyer à nos rois de France.

Le Tiercelet hagard de faucon d'Islande (d'après Schlegel).

GERFAUT (Falco Cyrfalco)

DIAGNOSE : *Oiseau sors :* D'une taille moins forte que les précédents, leur ressemble assez pendant la première année au point de vue de la coloration générale ; les pieds sont d'un vert jaunâtre comme la cire et la membrane des yeux.

Oiseau mué : poitrine blanche marquée de taches brunes qui vont en s'élargissant de la gorge à l'abdomen, le manteau est brun et ses taches au lieu d'être blanches comme chez l'Islandais sont de couleur brune. Sur la tête le brun domine et de chaque côté de la nuque s'épanouit un collier de petites plumes blanches. Le bec est bleu foncé, jaune à sa base et noir à son extrémité, les pieds sont d'un vert jaunâtre.

La taille de ce bel oiseau est d'environ $0^m,50$ à $0^m,55$ pour la femelle ; le mâle, comme chez tous les rapaces, est un peu plus petit.

Le Gerfaut suit comme les précédents les migrations des Ptarmigans ; il habite en général le nord de la Scandinavie, mais il descend quelquefois dans le sud de cette péninsule : on en a même pris quelquefois en Hollande ; mais, remarque assez curieuse, c'étaient toujours des oiseaux sors.

Il était autrefois très estimé par les anciens fauconniers pour la haute volerie à cause de sa vitesse et de son courage, mais il est d'un caractère difficile entêté et opiniâtre et il lui arrive souvent de chercher querelle aux autres faucons qui volent avec lui de compagnie.

Le Gerfaut sors (d'après Schlegel).

Le Tiercelet hagard de Gerfaut (d'après Schlegel).

SACRE (Falco Sacer)

DIAGNOSE : *Oiseau sors :* Se distingue du Gerfaut dans sa première année par sa couleur moins foncée; le manteau est marqué de taches roussàtres, le dessus de la tète et la nuque sont aussi plus blancs.

La queue est bordée d'une large bande blanche à son extrémité; les pieds, la cire et la membrane des yeux sont d'un bleu verdàtre.

Oiseau mué : Manteau brun roussàtre; chaque plume des ailes et du dos frangée de roux

La partie supérieure de la tète rousse ornée de stries noires longitudinales assez minces; la poitrine d'un blanc jaunàtre est piquée de taches qui, très petites à la gorge, vont en s'élargissant considérablement sur les culottes.

Bec bleu jaunàtre à sa base et noir à son extrémité; pieds verdàtres.

Le Sacre habite lés contrées tempérées de l'Europe orientale et de l'Asie. Sa forme allongée lui donne une aisance de vol qui le fait justement apprécier des fauconniers.

Le Sacre hagard (d'après Schlegel).

LANIER (Falco Lanarius)

Diagnose : *Oiseau sors :* Ressemble assez au Sacre du même âge ;
l'ensemble de la coloration est plus roussâtre, la queue est ornée
d'une douzaine de bandes claires.

Oiseau mué : Manteau bleuâtre, chaque plume du manteau frangée de gris avec, au centre, une ou deux taches grises, les longues
plumes des ailes frangées de roux avec des bandes grises transversales : les petites plumes sus-caudales d'un gris clair avec des taches
foncées en losange, le dessus de la tête entièrement roux, les
joues plus claires, la gorge et la poitrine d'un blanc roux avec
une infinité de petites taches brunes, qui vont en s'élargissant en
forme de losange jusqu'à l'abdomen et aux plumes des tarses ;
bec bleu clair, jaune pâle à sa base et bleu très foncé à sa pointe.
pieds jaunes. Taille o^m,40 environ.

On trouve le lanier en Grèce et dans tout le nord de l'Afrique.
C'est le même oiseau que celui qu'on désignait autrefois sous les
noms d'alphanet tunisien ou de faucon de Barbarie ; ces deux derniers noms empruntés simplement aux endroits d'où l'on recevait
les oiseaux.

Le lanier hagard (d'après Schlegel).

FAUCON dit PELERIN (Falco peregrinus)

DIAGNOSE : *Oiseau sors :* Moustaches larges et assez longues, plumes du manteau brunes bordées de roux, plumes des parties inférieures rousses et marquées verticalement de taches brunes, queue barrée en travers de bandes rousses, iris brun très foncé, pieds, cire et membrane des yeux d'un bleu pâle tirant sur le vert ; queue ne dépassant pas le bout des ailes, taille pour le mâle o^m,40, et pour la femelle o^m,46.

Oiseau mué : Serres, cire et membranes des yeux jaune vif. La teinte des parties supérieures devient noir brunâtre ; la gorge blanche est piquée verticalement de taches noires en forme de larmes, et la poitrine, ainsi que l'abdomen, d'un roux jaunâtre, sont marqués de taches foncées en forme de cœurs : les culottes sont piquées de losanges noirs dont les pointes se réunissant simulent des bandes transversales ; la cire, la membrane des yeux et les doigts jaune vif, le bec clair à sa base tourne au noir à son extrémité.

Le faucon était dit improprement pèlerin par les anciens fauconniers, attendu que s'il en descend du Nord en automne, il est sédentaire dans nos régions.

.Cet oiseau, qui se trouve à demeure dans nos pays montagneux, ainsi que sur les falaises de la Manche, est celui dont on se sert le plus en fauconnerie, étant donnés son caractère maniable, et la facilité qu'on a de se le procurer aisément. On l'affaite pour toutes sortes de vols, hérons, corneilles, pies, canards, perdrix, etc.....

Le Faucon hagard (d'après Schlegel).

SHAHIN (Falco atriceps)

DIAGNOSE : Tête beaucoup plus foncée que celle du précédent, ainsi, du reste, que la tonalité générale du plumage (Shahin noir des Anglais), tarses plus longs, ailes presque aussi longues que la queue.

Taille, femelle 0^m,42, mâle 0^m,36, autrement dit la femelle est un peu plus forte que le tiercelet de faucon ; c'est un oiseau très maniable et fort estimé aux Indes. Il est plus vite que le faucon et s'emploie aux mêmes vols.

L'oiseau représenté dans le dessin ci-contre est celui que le Dr Arbel a pu rapporter sain et sauf en Europe à la suite d'un voyage fait aux Indes Orientales anglaises en 1901. Une autre variété de Shahin se trouve également aux Indes, et diffère du précédent par une tâche rouge brun à la nuque et une taille un peu inférieure (Shahin à nuque rouge des Anglais).

Shahin, de l'équipage de Vadancourt à M. le Dr Arbel.

ÉMERILLON (Falco Æsalon)

DIAGNOSE : *Oiseau sors :* Manteau et dessus des ailes brun foncé tirant au noir sur les rémiges ; toutes les plumes des parties supérieures bordées de roux avec la tige marquée d'une raie noire : queue ornée de 6 petites bandes d'un brun roux et terminée à la pointe par une bordure blanche.

La poitrine et l'abdomen sont d'un blanc sale et chaque plume est tachetée d'une larme rousse.

La gorge est blanche et de chaque côté du front règne une bande de même couleur.

L'iris est brun, la cire jaunâtre et les pieds jaune foncé.

Oiseau mué : La femelle ressemble aux oiseaux sors, avec cette différence que la teinte du fond des parties supérieures est couleur de schiste et que les bandes claires de la queue sont d'un gris pâle et piquetées de points bruns.

La cire et la membrane des yeux sont alors ordinairement bleu pâle.

Le mâle diffère considérablement de sa femelle adulte :

Le manteau est bleuâtre et le dessus des longues pennes des ailes se détache en noir.

La queue, de la couleur du manteau, se termine par une large bande noire frangée de blanc, la tête est bleue ainsi que la région des yeux que surmonte un long sourcil blanc ; le cou et les côtés de la gorge sont roussâtres ainsi que les culottes ; le devant de la gorge, la poitrine et l'abdomen sont blancs avec une série de

taches en forme de larmes qui descendent comme autant de cha-
pelets. La cire, la membrane des yeux et les pieds sont jaune
pâle. Taille mâle 0^m,25, femelle 0^m,30.

L'émerillon est le diminutif du faucon, c'est le plus petit des
oiseaux de chasse ; on le trouve partout en Europe. On ne se sert
en général que de la femelle. Son vol est des plus rapides.

Il est propre au vol de toute espèce d'oiseaux proportionnés à
sa taille ; il est parfait sur l'alouette.

Nous ne parlerons ici que pour mémoire du hobereau, autre
petit oiseau de chasse. Il se distingue du précédent par des ailes
plus longues qui dépassent l'extrémité de la queue; doué de moins
de courage que l'émerillon, il a toujours été moins estimé.

L'Émerillon hagard, Tiercelets sors et Hagard d'Émerillon (d'après Schlegel).

AUTOUR (Falco palumbarius)

DIAGNOSE : Tarses robustes, doigts très puissants, ailes n'arrivant qu'aux deux tiers du balai.

Taille, tiercelet 0,50, femelle 0,60.

Oiseau sors : cire et pieds jaunes, iris gris sale jusqu'au deuxième mois, puis jaune pâle, tête et cou roussâtre avec taches brunes verticales ; gorge, poitrine, abdomen roux avec, à chaque plume, une larme brune ; balai d'un gris brun avec 4 bandes très larges d'un brun très foncé, chaque penne frangée de blanc.

Oiseau mué : cire jaunâtre, iris jaune orange, pieds jaune pâle, manteau brun ardoisé avec les plumes frangées de gris dans les parties supérieures et de blanc dans les parties inférieures ; le balai brun barré de larges bandes noires, l'extrémité du balai frangé de blanc ; gorge, poitrine, abdomen et culottes blanches traversés de stries horizontales qui vont en s'amincissant avec l'âge.

L'autour est un des oiseaux les plus forts dont on se serve pour la chasse ; il tue par compression , alors que les faucons tuent par choc ; aussi la nature l'a-t-elle doué de serres vigoureuses qui, mues par des leviers puissants, lui permettent de saisir et de retenir captif des oiseaux et aussi des quadrupèdes d'un poids et d'une musculature énorme.

Si l'on songe qu'une femelle d'autour, dont le poids est d'environ 1 kilogramme, arrive parfois à maintenir captif un lièvre de 8 livres, on jugera de la puissance de ses moyens et des services que peut rendre entre les mains d'un autoursier adroit ce bel oiseau de basse volerie.

Autour de deux mues (Oiseau de formes parfaites).

ÉPERVIER (Astur nisus)

DIAGNOSE : Tarses longs et grêles à peine recouverts de plumes à leurs parties supérieures ; balai carré très long dépassant de moitié l'extrémité des ailes. Taille femelle o^m,38, mâle o^m,30 (Le mâle est dit mouchet ou émouchet).

Oiseau sors : Manteau et dessus des ailes bruns ; la poitrine, les culottes, l'abdomen, sont roux avec des taches foncées en forme de fer de lance ; cou strié de brun, joues rousses, sourcils blanchâtres, les remiges terminées de blanc roux, le balai cendré à l'extrémité et barré de 5 ou 6 bandes horizontales ; iris jaune.

Oiseau mué : Le mouchet adulte a les parties supérieures ardoisées, une tache blanche à la nuque ; la poitrine et l'abdomen blancs rayé de roux ; les côtés du cou sont d'un roux vif, les sous-caudales d'un blanc éclatant ; iris orange comme chez l'autour, bec bleuâtre à la base, cire verte, pieds jaune clair.

L'épervier est répandu sur toute la surface du globe. Il est très courageux, vite et adroit ; ou s'en sert avec succès pour voler le perdreau, la caille, les merles et tous les oiseaux proportionnés à sa taille.

Épervier sors et Mouchet hagard (d'après Schlegel).

BONELLI (Aquila Bonelli)

L'Aigle Bonelli représenté ci-contre appartient à **M.** Barrachin,
dont la fauconnerie se trouve à Beauchamp (S.-et-O.). C'est un
très joli spécimen de l'espèce, son poids est d'environ 2^{kg},500, sa
taille de 0,65.

L'oiseau mué a la poitrine blanche avec des taches verticales
brunes, les plumes des ailes sont striées transversalement de barres
brunes, les tarses emplumés jusqu'au milieu ; le balai brun bordé
d'une large bande foncée.

Cet oiseau vole bien le lièvre en plaine, mais il manque de
vitesse et d'agilité pour bien prendre le lapin. N'étant pas du reste
un voilier saillant (voir ce mot au dictionnaire) son départ est trop
lent pour lui permettre de prendre avec succès les lapins au
déboulé.

Il est fort estimé en Asie dans les steppes immenses propices
à son vol ; sa force lui permet d'y capturer des quadrupèdes d'un
poids et d'une force relativement considérable.

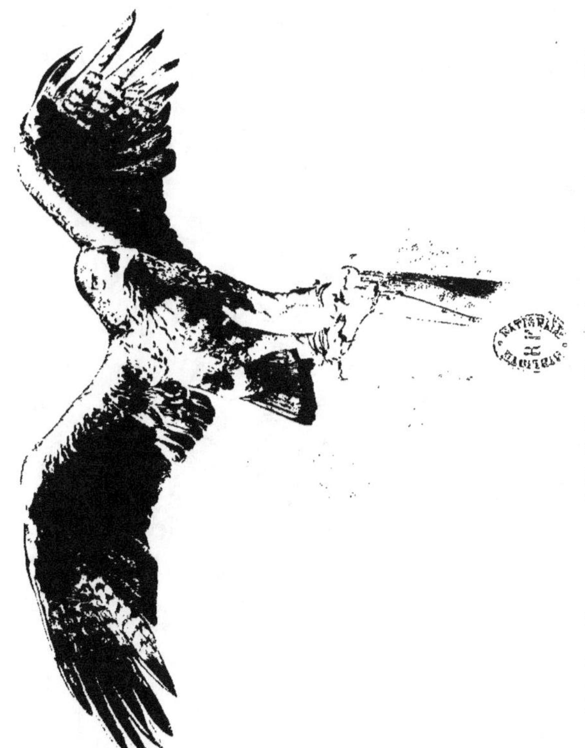

Aigle Bonelli appartenant à M. E. Barrachin, Équipage de Beauchamp (S. et O.)

BERKOUT (Aquila Chrysætus)

Le Berkout ou aigle doré est le plus fort des oiseaux employés
en fauconnerie. Dans l'Asie centrale il est très estimé et l'on s'en
sert pour prendre le lièvre, le renard, l'antilope, la chèvre sauvage,
le loup et même le sanglier. L'oiseau représenté ci-contre a été
rapporté d'Asie par M. Benoist-Maichin qui l'acheta à des Kirghis
et qui le paya 1 000 francs plus un fusil de chasse. Cet oiseau est
énorme, il ne mesure pas moins de 0^m,90 de la tête à l'extrémité
de la queue ; la queue seule à 0^m,35 de longueur, chaque aile
déployée atteint 0^m,70 à 0^m,75 de longueur. La coloration du plumage est d'un brun très foncé et par endroits couleur de rouille.
Il se porte sur une sorte de perchoir fixé à la selle du cavalier et
n'est déchaperonné que lorsqu'un gros gibier est en vue. Il est
d'un naturel peu maniable et comme, à l'instar de tous les aigles,
il peut supporter le jeûne pendant un temps très long, son dressage et son maniement exigent une étude toute particulière dont
seuls les fauconniers asiatiques ont le secret. C'est à son arrivée
d'Asie que nous avons eu la bonne fortune de photographier ce
bel oiseau, fort rare en Europe. Il est devenu la propriété de
M. Paul Gervais (voir les notes sur les Fauconniers modernes à
la fin du volume).

A part les différentes espèces que nous venons de décrire les
anciens fauconniers en employaient quelques autres qui sont :

L'ALPHANET ou FAUCON TUNISIEN ou PUNICIEN

L'Alphanet est une variété de lanier et un peu plus petit que ce dernier; on ne dressait que la femelle. On le faisait venir de Grèce, de l'île de Candie ou d'Égypte, on en capturait aussi dans le Crau d'Arles, aux environs de Marseille, d'Antibes, de Fréjus, de Nice et aux iles d'Hyères.

D'Arcussia dit que l'aphanet est le plus beau et le plus gracieux des oiseaux servant à la fauconnerie, et il le prisait fort, à l'encontre de Pierre Harmout, dit Mercure, fauconnier de la chambre de Louis XIII, qui le trouvait mou et sans courage.

LE FAUCON DE BARBARIE

Cet oiseau n'est autre chose que le faucon dit pèlerin avec quelques variétés dans le plumage; son nom lui vient de ce qu'il habite la région de l'Afrique Septentrionale ou États Barbaresques comprenant les États de Tripoli, la Tunisie, l'Algérie et le Maroc.

LE TAGAROT

Fort estimé aux XIV et XVe siècles, cet oiseau venait généralement des États Barbaresques ou du midi de l'Espagne; on le trouve aussi

Berkout : Aigle doré ayant fait partie de l'équipage de M. Paul Gervais.

en Sardaigne où il niche. Nos anciens fauconniers le désignaient sous les noms de Chaharotte ou Harotte. Plus petit que le faucon et de la taille d'un tiercelet, il avait le corps allongé, les ailes très longues et les mains larges. Très courageux il s'attaquait à des oiseaux beaucoup plus forts que lui. D'Arcusia pourtant l'estimait peu et « ne lui vit jamais faire chose qui méritât d'être « récitée ; »

« pour ce qu'il a le corps fort petit à la proportion de ses ailes ;
« ce qui fait qu'il craint fort le vent ». « Au demeurant, ajoute
« d'Arcussia, c'est chose très assurée que les oiseaux s'accouplent
« les uns avec les autres hors de leurs espèces ; comme le sacret
« avec le lanier, le tiercelet de faucon avec le lanier, le tunisien
« avec le sacret, comme le fait souvent le laneret avec le faucon.
« Et par ce moyen il se voit des oiseaux bâtards auxquels nous ne
« pouvons donner de nom propre, combien qu'aucunes fois il s'en
« trouve de très bons. Lorsque vous en aurez, traitez-les selon l'es-
« pèce dont vous jugerez qu'ils approchent le plus. Dieu a mis si
« bon ordre entre les oiseaux que les bâtards ne s'accouplent jamais
« et demeurent stériles, ce qui a toujours conservé les espèces des
« oiseaux ».

Dans le midi de la France on se sert du mot Tagarot, mais à tort, pour désigner le hobereau.

L'ALÈTHE (Falco Bidentatus)

Cet oiseau, originaire des Açores et de l'Amérique du Sud, était à juste titre fort estimé des anciens fauconniers, tant pour sa rareté que pour ses qualités exceptionnelles. Il a le dos ardoisé, la poitrine d'un violet rougeâtre et d'après Huber le bas du ventre barré

d'un croissant brun. Ses yeux sont clairs comme chez l'autour et
l'épervier ; c'est-à-dire que, chez les jeunes, l'iris est jaune clair,
et orange chez les adultes ; la mandibule supérieure du bec est
garnie de deux dents à l'encontre des faucons qui n'en possèdent
qu'une. Il était d'une vitesse extrème ; il volait bas et fort raide,
au point « qu'on ne le voyair point remuer
les mahuttes ». Nous savons que, lorsque
Marie de Médicis débarqua en France, elle
était précédée d'un officier de sa maison portant un alèthe sur le poing : C'est dire le cas
que l'on faisait alors de cet oiseau. Quelques rares spécimens de cette espèce furent
introduits en France ; ils étaient rapportés
des Indes occidentales par les gallions espa-
gnols et se vendaient à leur arrivée dans la
péninsule jusqu'à 300 ou 400 écus pièce.

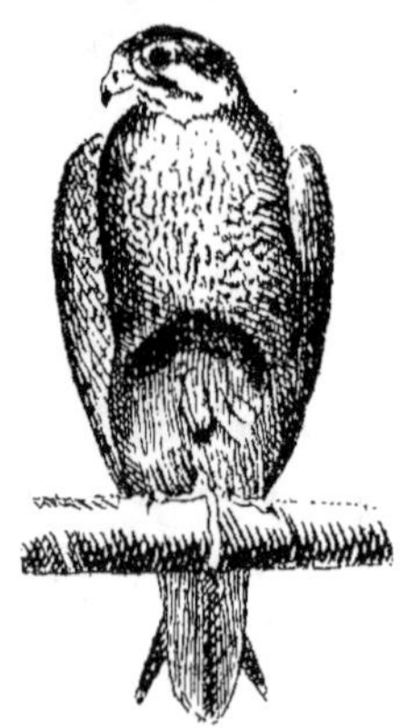

Alèthe : Faucon des Açores.

Voici quelques notes puisées à la biblio-
thèque de Lisbonne et tirées d'un ouvrage
de Fernandez Ferreira paru en 1616 ; elles
corroborent ce que d'Arcussia dit de la vitesse de l'alèthe et sem-
bleraient justifier l'opinion de Schlegel qui le nomme un « autour
des Açores », autour pourtant bien particulier, puisque s'il par-
tait du poing comme un oiseau de bas vol, il volait à la façon d'un
rameur et avec un battement d'ailes extrèmement rapide ; on
peut considérer l'alèthe comme un intermédiaire entre le genre
faucon et le genre épervier. On devait évidemment faire avec un
tel oiseau des chasses très fructueuses et nous comprenons fort
bien le prix qu'on y attachait sans toutefois nous expliquer pourquoi depuis le commencement du xviiᵉ siècle on n'en ait pas
importé davantage en Europe.

   « Les alèthes, dit Fernandez Ferreira, naissent aux Indes de Cas-
« tille et au Brésil et sont apportés à Séville par les navires. Ils
« sont petits et leur plumage est différent de celui de tous les autres
« falconidés. Une partie de la poitrine, des cuisses et du ventre

« est recouverte de plumes rousses, et leur jabot n'est point
« moucheté ; le roux tient de celui du Milan, leur tête est presque
« toute entourée d'une bande de plumes de la même couleur ;
« sous les ailes, avec certaines parties blanches, ils ont des plumes
« grises avec des mouchetures en travers, à l'instar de celles des
« Faucons ; leurs ailes sont longues, leur queue bien proportionnée
« à leur corps, les tarses assez grêles et les doigts longs, leur
« espect est gracieux ; je ne les ai point vu donner la chasse, ils
« ont l'air d'avoir un vol très puissant et à longue portée et de tuer
« toute espèce de gibier à plumes.

« On chasse les perdrix avec eux, et ils s'acharnent tellement
« à les tuer, qu'ils entrent avec elles dans les haies.

« Le licencié Philippe Butaca Henriques, natif de la ville
« d'Evora, m'assura les avoir vus à Porto do Calvo et à Rio das
« Pedras, à la capitainerie de Pernambouc, où il vint s'échouer
« avec un bâtiment en revenant d'Angola l'an 1605. Il y
« séjourna une trentaine de jours, et pendant ce temps-là il vit
« ces oiseaux tout le long de la côte ; ils étaient plus grands
« que les Eperviers et plus petits que les Faucons ; il remarqua
« qu'ils étaient doués d'une telle puissance de vol que l'œil était
« impuissant à les suivre pour bien se rendre compte de tous leurs
« mouvements ; il les vit souvent saisir des perroquets et autres
« oiseaux et donner la chasse avec acharnement, les poursuivant
« avec un grand courage, pénétrant avec eux dans l'épaisseur des
« arbres et n'ayant ni trêve ni repos qu'ils ne les eussent pris dans
« leurs serres ; il eut envie d'en emmener plusieurs en Espagne,
« persuadé qu'il était que les princes et les gentilshommes les
« priseraient beaucoup. Quiconque voudra les emmener de là-bas
« peut les élever tant qu'ils seront petits, tout comme les éperviers,
« et les transporter sur mer une fois qu'ils seront grands, car
« celui qui saura s'y prendre comme il faut, gagnera beaucoup
« d'argent. (On a vu plus haut le prix de ces oiseaux.) Outre les
« perdrix, les alèthes tuent également des butors et des pies,
« et d'ordinaire, tous les chasseurs les ont en grande estime. »

ESPÈCES IMPROPRES
A LA CHASSE PROPREMENT DITE
MAIS POUVANT ÊTRE DRESSÉES AU LEURRE
ET PRÉPARER DE JEUNES FAUCONNIERS AU DRESSAGE
DES OISEAUX CHASSEURS

LA CRÉCERELLE (Falco Tinnunculus)

Cet oiseau fort commun en France et que tout le monde a vu dans les champs « faire le Saint-Esprit » c'est-à-dire voleter et planer sur place, hypnotisant des mulots ou des campagnols, se dresse très facilement au leurre. Son vol est léger et des plus gracieux ; malheureusement il a peu de courage et il n'a figuré dans les fauconneries royales (sous Louis XIII entre autres) que pour voler la chauve-souris !

C'est cet oiseau que l'on nomme improprement émouchet dans nos campagnes (le mouchet, on l'a vu plus haut, étant le mâle de l'épervier).

LE FAUCON KOBEZ (ou a pieds rouges) dit falquet
PAR LES ANCIENS FAUCONNIERS

Cet oiseau a la taille d'un coucou auquel il ressemble assez par sa structure générale.

Les serres, la cire du bec et la membrane des yeux sont rouge pâle chez les jeunes sujets et ronge minium chez les adultes.

Les ongles sont jaunâtres et la queue est striée de huit à neuf bandes noirâtres. La gorge, le front et les parties antérieures sont d'un blanc roussâtre. Cet oiseau habite les parties chaudes de l'Europe Orientale. Il s'égare parfois en Allemagne et en France et on en a vu jusqu'en Angleterre, mais ce sont là des cas tout à fait exceptionnels.

LA PIE GRIÈCHE

Cet oiseau, que M. de Luynes dressait si bien pour son jeune roi Louis XIII, servait dans les jardins du Louvre à voler des moineaux, roitelets, rouges-gorges et autres petits oiseaux qu'il poursuivait dans les bosquets. Nous en avons possédé un qui venait admirablement au poing et savait, sur un coup de sifflet, nous retrouver dans toutes les pièces de notre appartement.

« *Lors que le temps détourne le Roy d'aller à la chaffe, Dieu luy*
« *fournit de nouveaux plaifirs dans l'enclos du Louure : Car auffitoft*
« *que fa Majefté fort pour aller au iardin ou aux Tuileries, les Buri-*
« *chons ou Roytelets, Gorge-rouges, Moyneaux, et autres petits*
« *oyfeaux, fe viennent rendre dans les cyprès ou dans les buis des*
« *allées, à l'enuy l'vn de l'autre comme s'il y auoit entr'eux de l'ému-*
« *lation à qui tomberoit le premier entre fes mains. Sa Majefté les vole*
« *auec fes Pigriefches, ou auec des Efperviers; & cela se fait ordinaire-*
« *ment en allant aux Feuillans ou aux Capucins. Vne inuention a efté*
« *trouuée par fa Majefté qui eft à remarquer : car auec des filets ou*
« *araignes qu'il a faict faire expreffément, il fait couurir les allées :*
« *puis faifant battre au long des bordures, se tenant au bout auec fes*
« *Pigriefches, on luy lui ameine; & comme ils veulent gaigner d'vne*
« *allée à l'autre, ou d'vn Cyprès à l'autre, fa Majefté qui les attend,*
« *lafche fi à propos fes oyfeaux qu'il ne faillent iamais de prendre à*
« *trois pas de luy.*
« *Vn iour l'accompagnant à ce plaifir, après qu'il en euft pris demie*
« *douʒaine, ie luy dy que fon plaifir ne feroit pas de durée s'il conti-*

« *nuoit d'en prendre telle quantité. Et lors monsieur de la Viè-ville*
« *repartir, & luy dict, Sire, il vous en parle en Chaſſeur, & vous dict*
« *vray. Lors sa Majesté ouurant ſa main monſtra ſix teſtes de ſa priſe*
« *de cette matinée, & cela faict il s'en alla ouyr ſa Meſſe aux Feuil-*
« *lans.* »

(D'Arcussia.)

Avant d'entrer dans le vif de notre sujet, nous croyons utile de
donner ici l'explication des termes spéciaux que nous allons être
forcés d'employer pour parler notre langue : on verra que par
son originalité et ses expressions imagées elle ne le cède en rien
à celle de la Vénerie.

DICTIONNAIRE

DES

MOTS USITÉS EN FAUCONNERIE

Abaisser. — Abaisser un oiseau ou l'essimer : réduire sa nourriture et, par conséquent, l'amaigrir (pour l'entraîner).

Abandonner. — Renoncer à un oiseau malade ou d'un affaitage trop difficile.

Abattre. — Saisir un oiseau à pleines mains par le dos et le tenir renversé, soit pour le poivrer, soit pour lui pratiquer une opération quelconque.

Abêcher. — Abêcher un oiseau : lui laisser prendre un peu de nourriture pour exciter son appétit.

Aborder. — Aborder la remise : relever un gibier qui s'y est réfugié ; on doit toujours aborder sous le vent.

Acharner le leurre. — Le garnir de viande.

Affaiter. — Affaiter un oiseau : le dresser.

Affamée. — Penne affamée : plume qui par suite d'un manque de nutrition de l'oiseau dans son jeune âge a subi un arrêt dans sa croissance et laisse apercevoir des vides entre ses barbes.

Aiglures. — Taches roussâtres ou claires que présentent les plumes des oiseaux.

Aiguilles. — Vers microscopiques qui se logent sous la peau des oiseaux et qu'on tue au moyen d'une infusion de tabac avec laquelle on badigeonne les plumes.

Aiguilles à enter. — On appelle ainsi des aiguilles triangulaires pointues aux deux extrémités et qui servent à réunir entre elles les deux parties d'une plume cassée.

Ailerons. — Petites pennes du haut de l'aile.

Aire. — Nid des oiseaux de proie.

Albrené. — Se dit d'un oiseau dont les plumes sont en mauvais état.

Amont. — Mettre Amont; Tenir Amont. Voir le terme : Voler d'amont.

Antenaire. — On désignait ainsi les oiseaux sors pris sauvages après le 1ᵉʳ janvier.

Apoltronir. — Émousser l'avillon d'un oiseau.

Armer. — Armer un oiseau : lui mettre les entraves. Armer une cure : la garnir d'un peu de viande pour engager l'oiseau à l'avaler.

Assurer. — Un oiseau est assuré lorsqu'il vole sans filière ; on appelle ainsi un cordeau léger et solide, de longueur très variable, dont on se sert au cours des exercices en plein air et qu'on attache au touret, après en avoir ôté la longe (Voir ces mots).

Autourserie. — Art de dresser l'autour et l'épervier.

Autoursier. — Celui qui s'occupe du dressage de l'autour et de l'épervier.

Avillon. — Pouce ou doigt postérieur.

Avillonner. — Frapper de l'avillon.

Baguette ou chassoire. — Long bâton dont se servent les autoursiers pour battre les ronces et les buissons.

Balai. — On nomme ainsi la queue des oiseaux de bas vol. On dira : la queue d'un faucon ; le balai d'un épervier ou d'un autour.

Beccade. — Petit morceau de viande qu'on présente à l'oiseau ou qu'on lui laisse prendre sur le tiroir ou sur le gibier dont il s'est emparé.

Bigarrures. — Voir *Aiglure*.

Bloc. — Pied massif en bois, muni d'un anneau, ou motte de gazon garnie d'un piquet central, auxquels on attache les oiseaux dans la chambre ou en plein air.

Bloquer. — L'oiseau bloque lorsqu'il se branche ou se pose sur le sol dans le but de se remettre à la poursuite du gibier qu'il vient de perdre de vue.

Bourrir. — S'envoler avec bruit (se dit des perdrix).

Bow-net. — Filet circulaire (voir au chapitre des instruments).

Brayer. — Région inférieure et postérieure du corps des oiseaux de proie.

Bride. — Lanière de cuir percée d'une fente et qui sert à empêcher l'aile de s'ouvrir.

Buffetade. — Choc donné dans une descente.

Buffeter. — Heurter violemment le gibier dans une descente.

Branchier. — Oiseau qui a quitté le nid et qui commence à voleter de branche en branche.

Cage. — Sorte de civière rectangulaire ou circulaire garnie de pieds et sur laquelle on place les faucons chaperonnés; le fauconnier se place au centre de la civière qu'il supporte au moyen de bretelles et qu'il maintient en même temps avec les mains.

Carrière. — Vol angulaire contre le vent et qui précède le degré; celui-ci est un vol horizontal vent arrière; c'est comme un temps de repos qui fait suite à la carrière et qui en précède une autre; c'est par une série de carrières et de degrés que l'oiseau s'élève à de grandes hauteurs.

Cerceau. — Toutes les plumes qui, à partir du haut de l'aile, précèdent la longue (voir ce mot). Les faucons n'ont qu'un cerceau; les autours et les éperviers en ont trois.

Change. — Un oiseau prend le change quand il abandonne son gibier pour un autre.

Chaperon. — Sorte de coiffe, ornée de plumes en aigrette, dont on couvre la tête des oiseaux. En autourserie, il ne sert généralement que pour les autours adultes qu'on vient de prendre au filet et qu'on se propose d'affaiter; l'autour et l'épervier dressés n'ayant pas, comme le faucon, besoin d'être chaperonnés.

On nomme *Chaperon de Rust* un chaperon dépourvu de tout espèce d'ornement et possédant une ouverture assez large pour que l'oiseau puisse manger sans être déchaperonné.

Chaperonnier. — Bon chaperonnier ; se dit d'un oiseau qui se laisse mettre et enlever le chaperon sans se débattre.

Charrier. — Un oiseau charrie quand, s'étant emparé de sa proie, il cherche à l'emporter.

Chausser. — Chausser un oiseau : garnir son doigt médian ou son avillon d'un fourreau en peau pour réduire ses moyens.

Chemise. — Voir *Linge*.

Chevaucher. — S'élever dans le vent par secousses.

Chiragre. — Goutte ou enflure des pieds.

Cillier. — Ou *Siller*, relever les paupières inférieures d'un oiseau au moyen de deux bouts de fil de soie passés avec une aiguille à coudre et noués ensuite sur le sommet de la tête ; l'oiseau ne peut plus voir qu'en haut et en avant ce qui le force à monter presque verticalement.

Cire. — Membrane jaunâtre qui garnit la base du bec.

Clef. — Epissoir en bois qui sert à ouvrir les fentes des entraves.

Clefs. — Ongles des doigts.

Coins. — Côtés extrêmes de la queue ou du balai.

Contregarder. — Entourer de la main droite ouverte ou de l'avant-bras le dos de l'oiseau pour l'empêcher de se débattre et de se heurter à un obstacle quelconque.

Cornette. — Panache de plumes qui surmonte le chaperon.

Coup. — Prendre coup ; se blesser contre la proie ou contre un obstacle.

Couronne. — Cire du bec.

Courtoisie. — Faire plaisir ou courtoisie à l'oiseau ; lui permettre de goûter au gibier qu'il vient de prendre.

Courtrier. — Lanière supplémentaire aux entraves ordinaires et réunissant les vervelles au touret.

Couvertes. — Les deux pennes médianes de la queue ou du balai ces derniers ont toujours douze pennes.

Couverte. — Voler à la couverte, à la source, à la toise ; se dit lorsqu'on approche le gibier le plus près possible en se cachant.

Couvrir. — Couvrir la remise, l'étang, le ruisseau ; se dit d'un faucon qui tient amont au-dessus de la remise.

Créance. — Se dit aussi Tiens-le bien et surtout Filière ; corde légère de longueur variable qui sert, soit à tenir l'oiseau par le touret au cours des premiers exercices, soit à attacher un leurre ; elle peut avoir une vingtaine de mètres et même davantage lorsqu'on se sert d'un leurre vivant pour reprendre un oiseau difficile qui est dit alors de « Mauvaise créance ».

Croler. — Se dit du bruit qui accompagne l'action de mutir.

Cure. — On appelle cure une certaine quantité de plumes, de poils ou d'étoupe, roulée en boule que l'on garnit de viande et que l'on présente aux oiseaux au moment du repas ; avalée avec les aliments, elle est rendue le lendemain sous le nom de pelote ; celle-ci a la forme d'une amande et contient des détritus de plumes, de poils et d'os que les oiseaux n'ont pu digérer et qu'ils rejettent. La cure a pour but de nettoyer l'estomac des oiseaux et de suppléer aux poils ou plumes qu'ils ont l'habitude d'avaler à l'état libre.

Daguer. — Fondre sur la proie avec violence.

Dérober. — Dérober ses sonnettes ; se sauver et se perdre.

Delonger. — Oter la longe.

Derompre. — Détruire par le choc la cadence du vol du gibier : Le canard est facilement dérompu.

Degré. — Voir *Carrière*.

Descente. — Mouvement plongeant de l'oiseau sur sa proie.

Désempelotoir. — Instrument qu'on introduit dans la mulette pour en retirer les aliments qui ne peuvent entrer dans l'estomac.

Devoir. — Même sens que *Courtoisie*.

Donner. — Fondre sur la proie en la touchant ; voir pour le sens de ce mot le terme « ravaler ».

Écumer. — Passer sur sa proie sans la saisir.

Émeuts. — Fiente des oiseaux.

Empeloter. — Un oiseau est empeloté quand il a absorbé trop de poils ou de plumes ou une nourriture indigeste, le tout formant une pelote qui reste dans la mulette, et qui ne peut être rejetée à cause de sa grosseur.

Empiéter. — Lorsqu'un autour ou un épervier saisit sa proie on dit qu'il l'empiète ; s'il s'agit d'un faucon, on dit qu'il la lie.

Enduire. — Digérer.

Enter. — Réunir au moyen d'une aiguille d'acier triangulaire préalablement trempée dans du vinaigre, les deux parties d'une plume cassée, soit à l'aile, soit à la queue ou au balai.

Entraver. — Poser les entraves ou armer.

Entraves. — Les entraves se composent des jets, du touret et de la longe.

On nomme jets deux petites lanières de cuir absolument semblables fixées aux tarses de l'oiseau par un nœud bouclé.

Le touret se compose de deux anneaux de cuivre, réunis par un rivet et tournant l'un sur l'autre ; à l'anneau supérieur sont fixés les jets, à l'anneau inférieur la longe ; on appelle ainsi une lanière, d'environ 1^m,20 de longueur, qui sert à attacher les oiseaux soit à la perche, soit au bloc ou à tout autre objet.

Escap. — Un gibier d'escap est celui qu'on lâche en liberté, ou qu'on tient à la filière devant un oiseau de chasse.

Esquivade. — Brusque crochet que fait le gibier pour éviter le choc.

Essimer. — Voir *Abaisser*.

Essor. — Monter à l'essor ; s'élever très haut dans les airs ; un oiseau qui monte à l'essor est généralement un oiseau perdu, car de ces hauteurs énormes il prendra souvent une direction qui le portera hors de la vue du fauconnier.

Étui. — Fourreau dont on garnit le bec d'un héron ou d'un oiseau à long bec lorsqu'on le met à l'escap pour le dressage des faucons.

Éventillonner (s'). — Se dit d'un oiseau qui sur la perche ou au bloc bat des ailes sans chercher pour cela à s'envoler.

Faire large. — Un oiseau fait large quand, pour se sécher au soleil ou devant le feu, il écarte les plumes des ailes et de la queue.

Filandres. — Vers intestinaux qu'on trouve dans les émeuts des oiseaux.

Filière. — Voir *Créance*.

Forme. — Femelle d'un oiseau de chasse ; le mâle est dit tiercelet.

Fort. — Bois ou remise fourré où se réfugie le gibier.

Frelon. — Petit bouton qui se trouve au centre des narines des faucons, les autours n'en ont pas.

Frist-Frast. — Aile de pigeon ou longue plume avec laquelle on frotte avec vigueur les jambes d'un oiseau qui se tient mal sur le poing ; opération qui l'oblige à contracter ses muscles et à se tenir plus ferme.

Fuster. — S'échapper après avoir été saisi ; se dit du gibier.

Gentil. — On appelait autrefois « gentil » le faucon sors qu'on prenait de juillet à septembre et pèlerin celui qu'on capturait de septembre à janvier.

Gorge. — On dit : donner bonne gorge, demi-gorge, quart de gorge, pour indiquer la quantité de nourriture absorbée ; Gorge chaude, nourriture vivante.

Griffe. — Pied d'un oiseau ignoble ; la griffe d'un milan, d'une buse.

Guairo. — Cri des fauconniers pour annoncer le départ des perdrix.

Guinder. — Se guinder ; s'élever au-dessus des nuages.

Hagard. — Oiseau mué, capturé à l'état sauvage.

Hérissonner. — Relever ses plumes. Si un oiseau hérissonne en tenant les yeux à moitié clos, c'est un signe de maladie due à un refroidissement.

Hausse-pied. — Pour le vol du héron on se servait généralement de trois faucons, le premier se nommait hausse-pied et avait pour mission de faire monter le héron. On jetait ensuite deux autres faucons qu'on nommait Teneur et Tombisseur.

Introduire. — Un oiseau est introduit lorsqu'il se montre soumis et comprend les leçons qu'il a reçues.

Jardiner. — Jardiner un oiseau, le promener en plein air.

Jets. — Voir *Entraves*.

Jeter. — On jette un faucon quand on le lance hors du poing ; on lâche un autour ou un épervier.

Lâcher. — Voir *Jeter*.

Large. — Faire large : écarter les ailes et le balai au repos.

Leurre. — Simulacre d'oiseau : Leurre vivant : oiseau attaché à la filière et avec lequel on reprend les faucons. (Voir à l'article instruments.)

Lier. — Voir *Empiéter*.

Linge. — Le linge ou chemise est un morceau de toile, muni de deux poches dans lesquelles on place les ailes des oiseaux sauvages qu'on vient de capturer ; la chemise est, en outre, garnie de cordons qui servent à ficeler l'oiseau dans la toile et à paralyser ses mouvements.

Longe. — Voir *Entraves*.

Longue. — Voir *Pennes*.

Main. — On dit la main d'un faucon ; le pied d'un autour ou d'un épervier.

Madré. — Oiseau de plusieurs mues capturé à l'état sauvage.

Mahutte. — Le haut des ailes des oiseaux.

Manteau. — Epaules et dos des oiseaux

Monter en fauconnier. — Monter à cheval du côté hors montoir, c'est-à-dire à droite, par suite du port du faucon sur le poing gauche.

Mue. — On appelle ainsi la chute annuelle des plumes chez tous les oiseaux, ainsi que la période pendant laquelle s'opère ce changement de livrée ; sous nos latitudes, la mue des faucons commence généralement en juin ou juillet, pour se terminer vers la fin de l'année ; nous parlons ici, bien entendu, de nos oiseaux captifs, car en liberté la mue ne dure pas aussi longtemps. On active la mue en tenant les oiseaux dans une chambre chaude. On appelle encore mue la chambre dans laquelle on laisse muer les oiseaux. Cette chambre doit être spacieuse, chaude et suffisamment claire pour que les oiseaux ne s'y morfondent pas ; la nourriture leur y est distribuée abondamment et un bassin d'eau fraîche, souvent renouvelée, leur permet de s'y baigner à leur aise ; plusieurs perches et blocs engagent les oiseaux à volter librement dans la « mue » et à s'y reposer.

Mulette. — Poche que possèdent les oiseaux de proie et qui conserve les aliments avant leur entrée dans l'estomac.

Mutir. — *Fienter*.

Niais. — Oiseaux encore au nid ou qui y ont été pris.

Nouer la Longe. — Attacher l'oiseau au bloc pendant la durée de sa mue.

Oya, Oya, Oya. — Cri des anciens fauconniers pour faire partir la pie.

Pairons. — Père et mère des niais.

Paître. — On dit : paître les oiseaux pour les nourrir, et pât pour désigner leur nourriture. On dira : mon oiseau est pû.

Pantois. — Oiseau asthmatique.

Parement. — L'ensemble des aiglures.

Passade. — On appelle ainsi la descente et la ressource. C'est ce qu'on a très justement comparé au mouvement de l'escarpolette. Il suffit à l'oiseau qui fait une descente de rouvrir tout à coup les ailes, qu'il tenait fermées pendantsa descente, pour le porter sans qu'il fasse aucun effort aussi haut que le niveau d'où il est parti.

Passagers. — Oiseaux qu'on capture au moment de leur migration.

Pèlerin. — Nom du Faucon commun. Voir « gentil ».

Pat. — Voir *Paître*.

Pelote. — Voir *Cure*.

Pennes. — Les longues plumes des ailes. La plus longue de l'aile est dite longue ; c'est la deuxième chez les faucons (rameurs) et la quatrième chez l'autour et l'épervier (voiliers).

Penne affamée. — On dit d'une penne qu'elle est affamée quand, retardée dans sa croissance, chez les oiseaux niais, par suite d'un arrêt momentané dans leur nutrition, elle laisse apercevoir des vides entre ses barbes ; ces pennes sont plus sujettes à se briser que les autres.

Perche. — Support destiné à recevoir les oiseaux de chasse. La perche fixée aux murs du perchoir supporte une toile tendue, de 60 centimètres de hauteur environ, qui a pour but de forcer l'oiseau à remonter sur sa perche du même côté qu'il en est tombé.

Perchoir. — Endroit où l'on tient les oiseaux.

Plaisir. — Voir *Courtoisie*.

Pointe. — Faire une pointe : Voler droit devant soi sans perdre de vue son gibier.

Piquer. — Piquer après la sonnette : galoper à la suite de l'oiseau pour arriver à la prise.

Prendre motte. — Se poser à terre.

Poivrer. — Poivrer un oiseau : le laver avec de l'eau et du poivre pour le guérir de la vermine. On peut aussi dans ce but lui insuffler de la fumée de tabac sous les plumes.

Queue. — La queue ou balai ne sert pas de gouvernail aux oiseaux comme on le croit généralement, mais seulement de moyen d'action pour la montée ou la descente.

Rameurs. — Par la conformation de leurs ailes, les faucons sont des rameurs, les autours et les éperviers des voiliers ; les premiers ont les ailes presque aussi longues que la queue ; les autres les ont beaucoup plus courtes; elles n'y arrivent qu'au tiers.

Rappel. — On rappelle les oiseaux de leurre, on réclame les oiseaux de poing.

Raser. — Raser l'air : planer.

Ravaler. — Ramener violemment le gibier plus près de terre à la suite d'un choc. « Le premier qui donna le fit de telle rudesse, qu'il ravala le héron de dix toises » (vol du Héron), d'Arcussia.

Réclam. — Rappel de l'oiseau de bas vol sur le poing au sifflet ou au cri.

Rejoindre. — S'applique aux faucons qu'on jette en second.

Remonter. — Remonter un oiseau : augmenter sa ration journalière pour le mettre en meilleur état d'embonpoint et de vigueur.

Ressource. — Mouvement de bas en haut qu'un oiseau exécute après une descente ; du latin « resurgere ».

Rust. — Voir *Chaperon*.

St-Esprit. — Faire le St-Esprit se dit d'un oiseau qui vole sur place comme le fait la crecerelle.

Sonnettes. — Grelots qu'on attache aux pieds de l'oiseau, au moyen d'une petite courroie. Les sonnettes sont très utiles pour retrouver l'oiseau, lorsqu'après avoir poursuivi et manqué son gibier, il va se brancher ou se poser à terre, hors de la vue du fauconnier.

Sors. — Un oiseau est dit sors tant qu'il a encore sa première livrée c'est-à-dire pendant tout le cours de sa première année. — Sors : (Roux, en vieux français. Les Anglais disent « red bird » pour désigner un oiseau d'un an.

Source. — Voir *Couverte*.

Taquet. — Mettre des oiseaux au taquet : les placer dès qu'on les a dénichés, dans des aires artificielles, caisses ou tonneaux défoncés, fixées à des arbres, et les élever dans un état de liberté complète, en venant leur apporter régulièrement à manger. Quand les oiseaux qui ont acquis ainsi du développement et de la force, manifestent des velléités de fuite, on s'en empare alors au moyen d'un filet placé à l'endroit où ils ont l'habitude de venir prendre leur nourriture.

Tenir. — Tenir ou tenir ferme : diminuer ou supprimer complètement le pât de l'oiseau la veille du jour de chasse.

Tenir amont. — Voler d'Amont : Voir ce mot.

Teneur tombisseur. — Voir *Hausse-pied*.

Tête. — Faire la tête : habituer l'oiseau au chaperon.

Tiercelet. — Les mâles des oiseaux de proie, toujours plus petits que les femelles, d'un tiers, dit-on généralement (d'où leur viendrait leur nom) mais en réalité d'un cinquième environ, sont dits tiercelets. On dit tiercelet de gerfaut, de faucon, d'émerillon, de hobereau et d'autour. Par exception à cette règle, le mâle du sacre se nomme sacret, celui de lanier, laneret et celui de l'épervier, mouchet ou émouchet.

Tiroir. — Aile de volaille ou cuisse de lapin, préparée pour réclamer un oiseau.

Tiroir sec. — Tiroir dépouillé de sa grosse viande.

Touret. — Voir *Entraves*.

Toise. — Voir *Couverte*.

Traineau. — Peau de lapin ou de lièvre empaillée, servant au dressage des oiseaux.

Train. — Faire le train à un faucon : lui donner pour l'exciter un compagnon de vol bien dressé.

Trousser. — Un oiseau trousse son gibier lorsque, se trouvant plus bas que lui, il se renverse et le saisit en dessous.

Vau le vent. — Dans la direction du vent.

Vervelles. — On nomme ainsi deux petits anneaux fixés aux extrémités des jets des faucons. Autrefois, les vervelles étaient généralement plates ; sur la face de l'une était gravé le nom de l'oiseau, et, sur l'autre, celui de son propriétaire ; elles recevaient directement la longe. Elles suffisent pour les faucons qui, chaperonnés, ne se débat tent pas à la perche ; mais pour les autours et les éperviers, qui s'agitent et tournent beaucoup plus sur eux-mêmes, on était et l'on serait encore si l'on voulait se servir de vervelles, dans l'obligation d'employer une pièce supplémentaire, nommée courtrier, qui réunit les vervelles au touret, cette dernière pièce étant touj ours indispensable à ces deux oiseaux de bas vol.

Vif. — On nomme vif une proie vivante.

Voiliers. — Voir *Rameurs*.

Vol. — Un vol veut dire un équipage d'oiseaux de chasse avec tout ce qui s'y rattache ; ainsi l'on dira : un vol pour champs, pour désigner un équipage destiné à la prise du lièvre, de la caille, de la perdrix, etc..., un vol pour rivière, s'il s'agit de canards et d'oiseaux d'eau ; il veut dire encore la chasse elle-même ; le vol de la pie, du héron, du milan.

De même qu'en fauconnerie il y a deux catégories d'oiseaux, de même on y distingue deux sortes de vol. Le haut vol, qui a pour objet la prise d'oiseaux pouvant s'élever très haut dans les airs, tels que le héron, le milan, la buse et la corneille et le bas vol qui ne vise que les oiseaux s'élevant peu, tels que le faisan, la pie, la perdrix ou bien encore des quadrupèdes, tels que le lièvre et le lapin.

On n'emploie que des faucons pour le haut vol et on ne se sert ordinairement pour le bas vol que de l'autour et de l'épervier ; mais dans certains cas les faucons y sont aussi utilisés. (Vol de la perdrix, pie, canard, etc., etc.)

Voler. — Chasser un gibier quelconque avec un oiseau dressé ; on vole le lapin, le lièvre, la perdrix.

Voler d'amont. — Un oiseau vole d'amont quand il se tient au-dessus des chiens ou des chasseurs, attendant le départ du gibier qu'on fait lever. Cette expression ne s'applique qu'aux faucons. On dit mettre les oiseaux amont.

Volerie. — Chasse au vol : aller à la volerie.

Voler de poing en fort. — Lâcher un oiseau de bas vol.

Voler pour bon. — Se dit d'un oiseau dont l'éducation est complète et qui est de force à capturer un gibier sauvage.

DES INSTRUMENTS
EMPLOYÉS EN FAUCONNERIE

*Et de la manière d'entraver les oiseaux et de façonner
les nœuds.*

Les entraves : jets, longe, touret.

Les vervelles.

Le courtrier.

La bride.

Les sonnettes.

Les chaperons : chaperon à cornette ; chaperon de rust.

Les perches : perche fixe ; perches mobiles.

Les blocs.

Les paniers.

Les filets : bow net ; airaigne ; cage allemande.

La filière.

Le gant.

Les aiguilles à enter.

La leurre.

La fauconnière.

La hotte.

Le bassin.

Les entraves. Elles se composent des jets, du touret et de la
longe.

Les jets. — Les jets sont deux lanières de cuir (peau de chien) de longueur égale et pointues des deux bouts. Ils doivent avoir en totalité de 25 à 30 centimètres de long sur 15 millimètres de large pour les autours, de 20 à 25 centimètres sur 10 millimètres pour les faucons, et de 16 à 22 pour les éperviers. Ils sont munis, à la partie supérieure qui doit enlacer le tarse de l'oiseau, de 2 fentes de 15 millimètres de longueur. On voit par la planche ci-contre que les jets possèdent à cet endroit un renflement assez prononcé, qui a pour but de mieux appuyer la partie enlacée. A un pouce de l'extrémité inférieure est pratiquée une troisième fente de 4 centimètres qui doit recevoir le touret. Ces mesures sont des moyennes et peuvent être modifiées selon la taille et la force des oiseaux.

Pour obtenir l'écartement exact des deux fentes du haut, procédez de la manière suivante : Entourez, de la partie la plus large du jet, le tarse de l'oiseau que vous voulez entraver, serrez le cuir en dehors au moyen des ongles du pouce et du médium ; la marque qu'ils auront imprimée vous donnera la mesure que vous cherchez. Vous pratiquerez alors avec la pointe d'un couteau les deux fentes dont il est parlé plus haut.

La longe. — La longe est une lanière de 1^m,20 de longueur et de 10 à 15 millimètres de largeur environ, pointue d'un côté et terminée, à l'autre extrémité, par ce qu'on appelle le bouton : ce bouton est obtenu en roulant plusieurs fois le cuir sur lui-même, en perçant l'épaisseur triple ou quadruple ainsi obtenue au moyen d'un fort poinçon qu'on enfonce à coups de marteau et en enfilant dans le trou du poinçon l'extrémité de la longe qui se termine en pointe. On tire alors à fond, on coupe bien proprement au moyen d'un couteau bien aiguisé les 2 côtés du bouton, et la longe est faite. Pour la compléter, il suffit alors de pratiquer à peu près dans le milieu, mais plus près du bouton que de la pointe, une fente d'une dizaine de centimètres de longueur.

Pour entraver un oiseaux (voir planche des jets), faites-vous

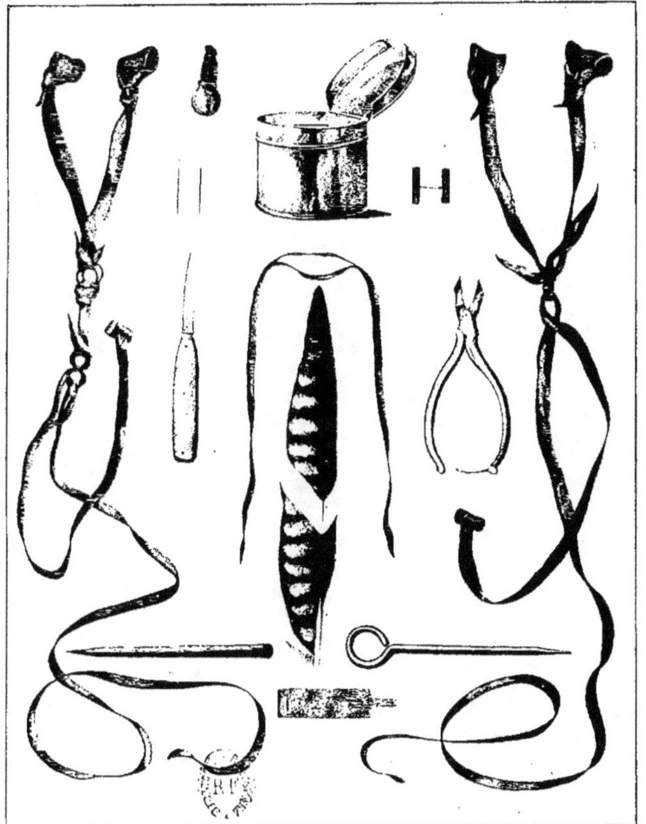

Jets, longes. courrier, bride. clef, aiguilles à enter. plume prête à être entée,
boîte au pât, sonnette, plaque ou bague pour hérons.

assister d'un aide qui le tiendra à pleines mains par le corps, les
ailes repliées ; prenez un jet préparé comme il est dit ci-dessus,
ouvrez-en les fentes avec une clef (voir le dictionnaire) pour que

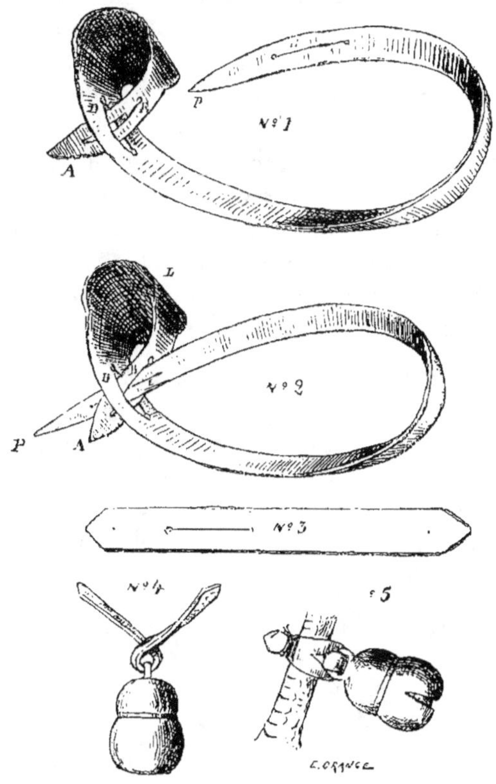

1 et 2, jets. — 3, courroie à sonnettes, — 4 et 5, mode d'attache.

le passage des pointes se fasse mieux ; enveloppez le tarse de
l'extrémité la plus large L, faite passer la pointe A dans la
fente D, passez la clef dans les 2 fentes B et D qui se trouvent alors
presque juxtaposées, enfilez la pointe P dans le trou qui se présente et tirez ladite pointe jusqu'à ce que le nœud bouclé se

trouve fait. Ayez grand soin de bien maintenir le cuir d'une main pendant que vous tirez de l'autre, pour qu'aucune traction ne soit faite sur le tarse même de l'oiseau.

Placez également l'autre jet et mettez alors le touret en place. Pour cela, passez la pointe P dans un des anneaux, ouvrez la fente E, faites-y passer le touret tout entier, puis tirez dessus pour que l'ouverture du jet ne baille pas.

Ajustez exactement de la même façon le second jet, passez le petit bout de la longe dans l'anneau inférieur du touret, tirez la longe jusqu'à ce que la fente ait traversé l'anneau, enfilez le bouton de longe dans ladite fente et tirez à fond : les entraves sont mises.

De même que les longes, les jets seront de préférence faits en peau de chien, et leur épaisseur devra être proportionnée à la force des oiseaux auxquels ils seront destinés.

Touret. — Le touret se compose de deux anneaux métalliques réunis par un rivet, ce qui leur permet de tourner librement l'un sur l'autre. L'anneau supérieur reçoit les jets et l'anneau inférieur la longe.

Nous ne parlerons ici que pour mémoire des vervelles et du courtrier, dont on se servait autrefois et qui, à notre avis, sont une complication inutile.

Vervelles. — Les vervelles (voir ce mot au dictionnaire) étaient deux anneaux plats fixés aux jets et généralement à demeure. L'oiseau volait avec ces deux anneaux qu'on avait soin de tenir d'un petit diamètre ; ils étaient commodes, en ce sens qu'ils permettaient d'y enfiler prestement la longe, lorsqu'on tenait les oiseaux au poing ; mais comme ils n'auraient pas été suffisants pour les oiseaux de bas vol, qui, n'étant pas chaperonnés, tournent souvent sur eux-mêmes lorsqu'ils sont à la perche, et enroulent facilement leurs jets, on était forcément obligé d'avoir recours au touret, qui seul peut éviter cet inconvénient. Il fallait donc réunir les vervelles au touret par une pièce supplémentaire qu'on nommait courtrier.

Courtrier. — Le courtrier était une bande de cuir longue de

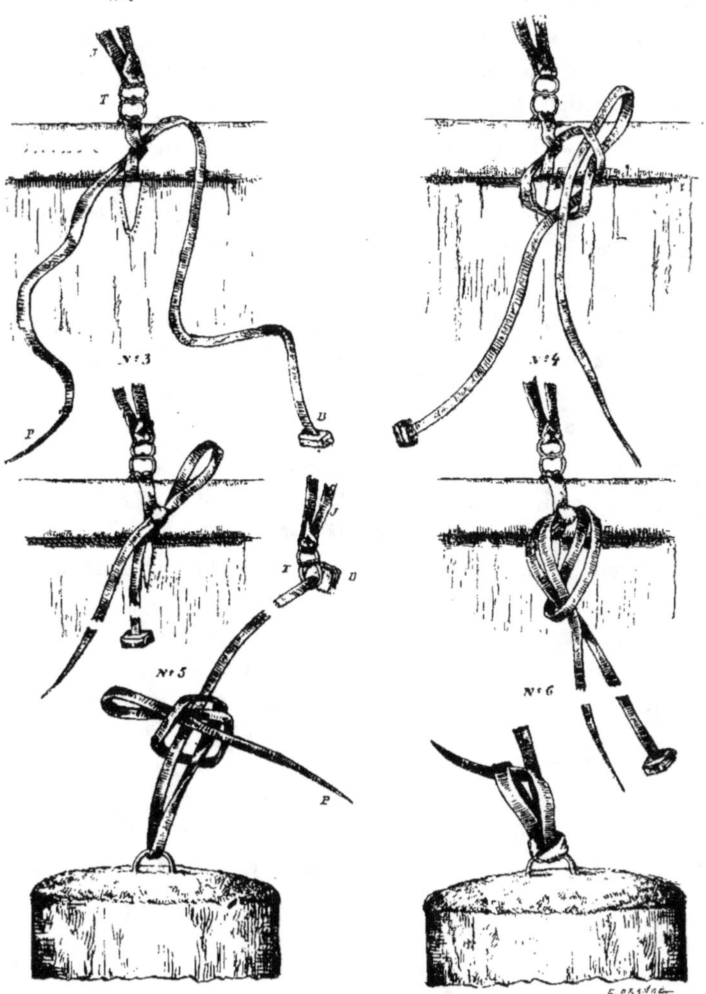

Décomposition des nœuds d'attache à la perche et au bloc.

15 centimètres environ et percée d'une fente à chaque extrémité.

La fente supérieure servait à former le nœud coulant qui embrassait les deux vervelles, et la fente inférieure était fixée au touret.

Il est bien plus simple de remplacer les vervelles par le touret qui, une fois enlevé des jets, laisse à l'oiseau une plus grande liberté d'action, en l'allégeant en outre d'un poids inutile.

La bride. — La bride est une lanière de 35 centimètres environ, percée dans son milieu d'une fente de 10 centimètres, dans laquelle on passe le haut de l'aile repliée. En nouant ensuite les 2 bouts de la bride, l'aile ne peut plus s'ouvrir et l'oiseau est obligé de se tenir relativement tranquille.

Nœuds. — Pour façonner les nœuds nous pensons qu'aucune explication ne vaudra une observation attentive de la planche ci-contre qui permettra de nouer comme il convient un oiseau à la perche ou au bloc.

Sonnettes. — On ne met généralement qu'une sonnette au pied gauche d'un oiseau de chasse. Elle est munie d'une petite chappe, et se place au-dessus du jet ; elle peut se fixer au moyen d'un nœud bouclé, mais nous avons toujours employé et nous conseillons le moyen suivant :

Prenez une petite lanière de cuir de la largeur exacte de la chappe pour qu'il entre à frottement, croisez le cuir en emmanchant un des bouts dans la fente (voir la planche) ; enlacez le tarse et liez les 2 bouts en arrière au moyen d'un fil de laiton passé plusieurs fois dans des trous faits à l'aiguille. Enroulez ensuite deux ou trois fois le fil autour du cuir, rabattez bien proprement les bouts des laitons que vous aurez réunis et tortillés ensemble pour qu'ils ne puissent blesser l'oiseau, et rognez la lanière avec un couteau bien tranchant. Ce moyen d'attache est très net et très solide.

En Orient, la sonnette est fixée au haut de la queue ; ce moyen est excellent surtout pour les éperviers dont les tarses excessivement grêles s'accommodent toujours assez mal d'une sonnette ; de plus, il est d'un usage précieux pour nos deux oiseaux de bas vol dont le balai est toujours en mouvement, ce qui permet de retrouver plus facilement un oiseau qui s'est égaré ; mais ce mode d'attache est d'une pratique peu aisée et tout à fait négligé par nos fauconniers européens.

Les chaperons. — Il y a deux sortes de chaperons : le chaperon de rust, qui sert à couvrir la tête des oiseaux qu'on vient de prendre au filet et dont l'ouverture est suffisamment large pour permettre au captif de tirer sans être découvert, et le chaperon à cornette, dont l'ouverture est plus étroite et qu'on garnit de petites plumes de la façon la plus coquette possible.

Il y a plusieurs manières de chaperonner : nous recommandons la suivante. Tenez le chaperon bien dissimulé dans la paume de la main droite, la cornette fixée entre le pouce et l'index, grattez du médium les pieds de l'oiseau, remontez doucement la main droite, de bas en haut, le long de sa poitrine jusqu'à ce que le bout des doigts arrive presque à toucher le bec. Couvrez alors prestement la tête de l'oiseau, en tournant le poignet, de façon que le bec s'emmanche dans l'ouverture antérieure, et en appuyant légèrement le derrière de la tête de l'oiseau avec le doigt du milieu, pour faciliter l'entrée du chaperon. Pour déchape-ronner il faut tirer avec le pouce et l'index de la main droite sur un des boutons des languettes du chaperon, pendant qu'avec les dents on maintiendra le bouton de la languette opposée. Les cha-perons possèdent en effet quatre languettes, deux pour ouvrir et deux pour fermer : on agira de même pour refermer le chaperon une fois posé.

Le chaperon de rust, bien que privé de cornette, se pose d'après les mêmes principes.

Les perches. — La perche fixe se compose d'un bâton scellé au mur du perchoir, elle est enveloppée d'une étoffe quelconque et supporte en dessous une toile ou tapis de 60 centimètres environ, qui a pour but de forcer l'oiseau qui se débat à remonter du même côté qu'il est tombé.

On peut encore se servir d'une petite perche se composant d'un demi-cercle en bois rond de 3 ou 4 centimètres de diamètre, fixé sur un plancher de 80 centimètres de long sur 40 de large; à l'intérieur du demi-cercle est disposée une toile, maintenue par

Perche mobile.

un gros fil de fer cintré dont la courbe épouse exactement, mais à quelques centimètres de distance, la forme du demi-cercle en bois. Un anneau qui reçoit la longe glisse sur la partie supérieure de l'appareil et laisse à l'oiseau tout ses mouvements libres, soit pour se percher, soit pour se poser sur le gazon. Pour la commodité du transport les deux côtés de la planche peuvent être à charnières et se rabattre verticalement contre la toile. Une autre perche du même genre et bien plus simple se fabrique aisément en cintrant un bout de fer rond et en réunissant les extrémités par un fil de fer fixé à 10 centimètres des pointes. Il est indispensable dans ce cas de passer un anneau libre dans la partie cintrée.

Blocs. — Les blocs doivent avoir environ 25 centimètres de hauteur ; s'ils sont en bois, ils peuvent être cylindriques, de 15 centimètres environ de diamètre et garnis dans leur partie supérieure de peau ou d'étoffe, pour garantir les pieds des oiseaux de l'humidité. Les blocs en gazon pourront être arrondis dans le même genre, tout en ayant une base un peut plus large ; tous deux seront munis d'un piquet central, qui les fixera au sol ; à l'extrémité supérieure du piquet serra vissé un piton ou anneau auquel la longe de l'oiseau sera attachée.

Une troisième espèce de bloc consiste en un tronc de cône renversé ; à mi-hauteur se trouve une rainure qui reçoit un anneau en fer rond muni d'un œil. Cet anneau, qu'on a soin de graisser de temps en temps, tourne librement dans sa rainure et, obéissant aux mouvements de traction de la longe, en empêche l'enroulement autour du bloc ; les rainures du haut permettent l'écoulement des eaux de pluie.

Bloc.

Les paniers. — Les paniers sont très utiles pour les longs voyages et déplacements : ils sont de grandeur variable, selon les oiseaux qu'ils sont destinés à recevoir.

Pour une femelle d'autour, ils devront avoir 70 centimètres de diamètre sur 50 centimètres de hauteur ; pour un tiercelet d'autour ou un faucon 55 centimètres sur 40, et pour les éperviers 45 centimètres sur 35. Les uns et les autres seront en osier : le couvercle pourra être bombé, il sera plein comme le fond, tandis que le pourtour pourra être à claire-voie. Ils seront, à l'intérieur, garnis de toile dans laquelle on pratiquera cinq ou six fentes, pour que l'air y pénètre suffisamment. La partie bombée du couvercle aura pour but d'engager les personnes à qui seront confiés les paniers à les placer toujours sur le fond et de plus de permettre à un oiseau chaperonné dès qu'il en sera sorti, d'y être lié comme sur la perche.

Panier de voyage.

Les filets : Bow-net. Les Anglais appellent ainsi un engin composé d'une branche recourbée et formant un demi-cercle de 70 centimètres de diamètre environ, chacun des deux bouts est ficelé à un piquet enfoncé en terre. L'arc ainsi obtenu, pivotant sur les piquets, décrit donc sur le sol un cercle parfait. Un filet est d'un côté lacé au demi-cercle et de l'autre, retenu au sol par des fiches en bois. Le filet étant alors soigneusement plié, de façon qu'il se développe facilement et le demi-cercle étant posé dessus,

on comprend qu'au moyen d'un longue corde attachée à un des
côtés de l'arc, on rabattra aisément le tout sur l'oiseau qu'on veut

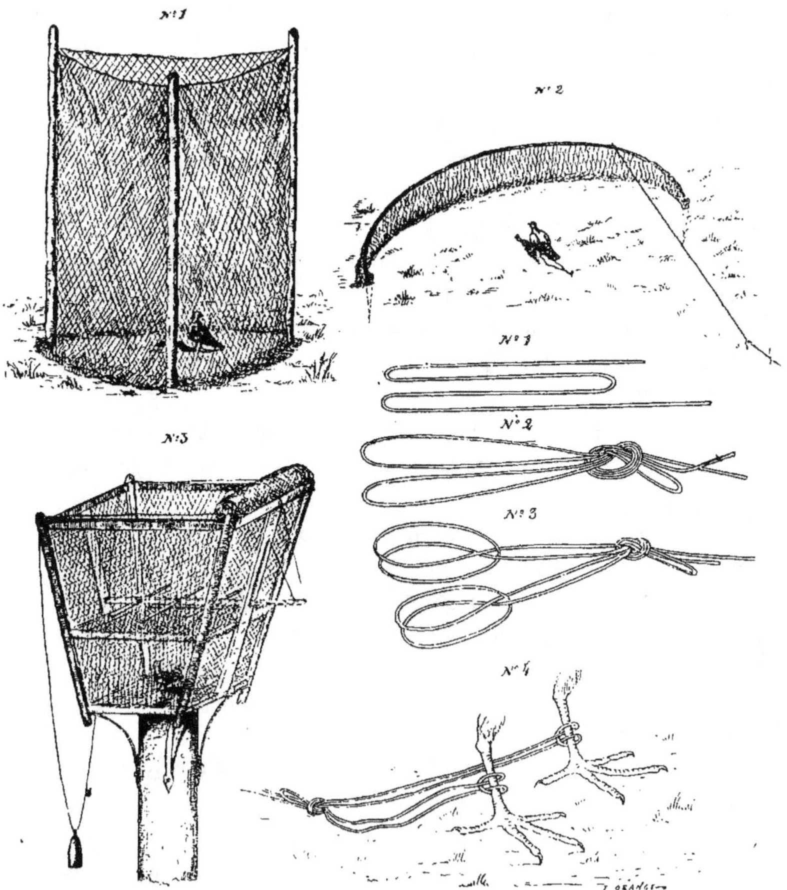

1. Airaigne. 2. Bow-net. 3. Cage allemande. 4. Mode d'attache du pigeon.
1-2-3. Façon des nœuds d'attache.

prendre, et qu'on aura attiré au centre du piège au moyen d'un
appât vivant fixé à un piquet central.

C'est au moyen du bownet qu'on reprend les oiseaux élevés au taquet ou qu'on s'empare des faucons de passage, lorsque, caché dans une hutte, on les capture en automne au moment de leur migration vers le midi.

Airaigne. — Filet triangulaire supporté par 3 piquets de deux mètres de haut environ et plantés en triangle : il ne sert qu'à la capture des autours ou éperviers (voir au traité d'autourserie).

Cage allemande. — Cet engin dont on verra également la description plus loin a l'inconvénient d'abîmer le plumage des oiseaux et ne vaut pas à beaucoup près le précédent.

La filière. — La filière ou créance est une corde plus ou moins longue dont on se sert pour attacher un oiseau quelconque ; le nœud qui attachera ledit oiseau sera façonné comme il est indiqué à la planche des filets, pour que la traction sur les tarses de l'oiseau se fasse également.

Le gant. — Le gant doit être à crispin, à doigts, et fait de peau forte mais souple ; le pouce et l'index doivent être en double épaisseur.

Les aiguilles à enter. — Ces aiguilles, en acier, de 3 centimètres environ de longueur, sont triangulaires et pointues aux deux extrémités afin de les introduire facilement dans le tuyau des pennes que l'on veut réparer. Elles ne se trouvent naturellement pas dans le commerce.

Procurez-vous des aiguilles qui servent à coudre les voiles et qui sont triangulaires dans la moitié de la longueur, coupez-les à la dimension voulue, et façonnez-les au moyen d'une lime (Voir l'article plumes cassées au chapitre des maladies).

Leurre. — Simulacre d'oiseau, les anciens fauconniers se servaient volontiers d'un fer à cheval garni de cuir, puis d'ailes blanches de pigeons ; le leurre s'agite au moyen d'une filière avec laquelle on le fait tournoyer au-dessus de la tête pour rappeler le faucon. Le leurre est muni de 2 rubans en dessus et en dessous, qui servent à y attacher la viande.

Leurre vivant : oiseau vivant attaché à une filière.

Leurre, gibecières ou fauconnières, chaperons de rust
et chaperons à cornette.

La fauconnière. — Sac en toile ou en drap muni de plusieurs poches dans lesquelles le fauconnier place ses instruments ainsi que le gibier d'escap dont il peut avoir besoin; il est maintenu par une large courroie bouclée à la taille.

La hotte. — Boîte en bois à compartiments dans laquelle on met les jeunes autours qu'on vient de dénicher et qu'on a mis en linge. On peut en mettre jusqu'à 6 ou 8. Mais cet instrument n'est pas indispensable.

Le bassin. — Cuvette en zinc ou tub d'un mètre de diamètre environ sur 15 centimètres de profondeur et garni de 2 poignées auxquelles on attache les oiseaux pour les baigner; le bassin doit être enterré de façon que les bords ne fassent pas saillie au-dessus du sol.

Nota : On peut se procurer ces divers instruments chez Penot, 87, rue des Petits-Champs, à Paris.

DE LA MANIÈRE

DE SE PROCURER LES FAUCONS NIAIS OU ADULTES

Les oiseaux niais se dénichent au mois de juin. C'est dans les falaises escarpées du bord de la mer, ou sur les rochers abruptes des montagnes que les faucons construisent leur aire. Le dénichage ne laisse pas de présenter certaines difficultés, car l'opérateur est obligé de se laisser descendre, au moyen d'une corde, de la partie supérieure du rocher, jusqu'à l'endroit où se trouvent les oiseaux et de remonter souvent du point d'où il est descendu. Nous laissons à la sagacité de nos lecteurs le choix des moyens à employer pour arriver à leur but. Qu'il nous suffise de recommander aux dénicheurs de se munir d'un grand panier à couvercle pour y déposer les petits après leur capture, et de ne pas les enlever de l'aire trop jeunes car leur élevage serait impossible. Il serait préférable, dans ce cas, de remettre le dénichage à une époque ultérieure malgré toutes les difficultés qu'il peut présenter.

Pour se procurer les oiseaux adultes, il conviendra, si on ne peut en trouver en Hollande, à Valkenswaard, chez les descendants des vieux fauconniers hollandais qui continuent à piéger en automne les faucons migrateurs, de construire soi-même une hutte, au milieu des plaines où l'on aura constaté le passage des oiseaux. Pour arriver à piéger un faucon il faut : une hutte, un filet, une perche et deux pigeons.

Voici la façon d'opérer :

La hutte sera quelconque pourvu qu'elle soit le moins visible qu'il se pourra.

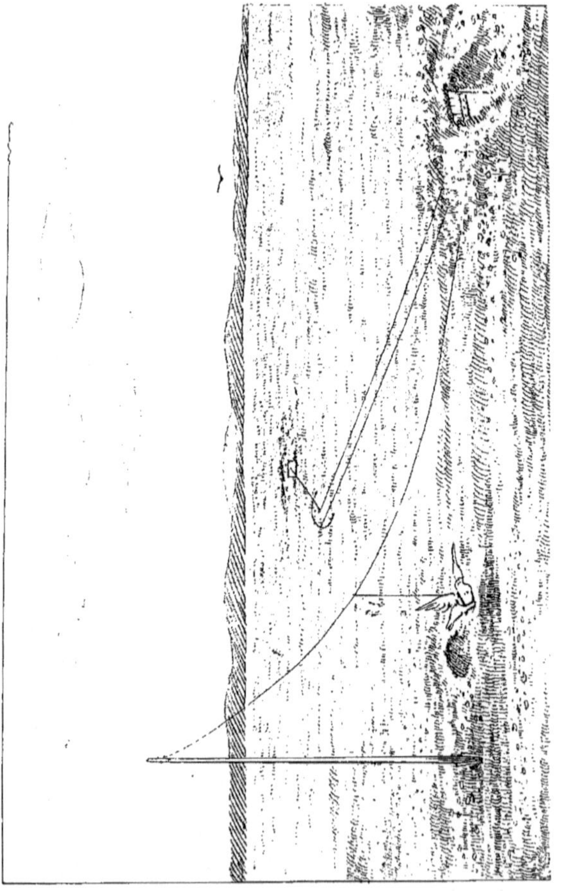

Disposition théorique de la hutte, du filet et du pigeon de leurre.

La meilleure sera celle qui sera creusée dans le sol et dont le toit, en voûte, sera recouvert de terre ou de gazon.

L'entrée sera tournée vers le Sud-Ouest et l'ouverture par

Faucon chaperonné et mis au bloc,
(photographié une demi-heure après sa capture par M. Gervais).

laquelle vous opérerez vers le Nord-Est. Quarante mètres en avant de vous un bow-net sera placé sur le sol (Voir ce mot au dictionnaire) et la filière qui le fera manœuvrer viendra aboutir à la hutte par une ouverture qui pourra avoir cinq centimètres de hauteur sur un mètre de longueur ; cette ouverture, très peu au-dessus du sol, sera invisible du dehors et vous permettra d'embrasser la moitié de l'horizon.

Hutte hollandaise construite par M. Paul Gervais; perches et tertre servant d'observatoire à la pie-grièche. La seconde perche sert à attacher un leurre en bois.

Au centre de ce filet sera enfoncé un piquet muni d'un anneau central ; c'est à cet endroit même que le faucon qui y aura été entraîné, ainsi qu'on va le voir, sera recouvert du filet qui paralysera ses mouvements. A dix mètres en arrière du filet et un peu sur la droite, sera pratiquée une sorte de petit réduit composé d'une boîte en bois recouverte de gazon : l'ouverture de cette boîte tournée vers la hutte et fermée au moyen d'une planchette s'appliquant, mais sans y être trop serrée, sur l'ouverture de la boîte. Dans ce réduit sera placé un pigeon blanc aux tarses duquel on aura attaché une longue filière qui passant par l'anneau du piquet central du bow-net ira aboutir à la hutte.

On comprend aisément alors que si l'on donne un coup sec

sur cette filière, le pigeon sortira de sa boîte et, libre de ses mouvements, se mettra à voler ; si encore, à ce moment, un faucon se trouvant à proximité vient à le lier, on conçoit qu'en continuant à tirer sur la filière on amènera les deux oiseaux jusqu'au

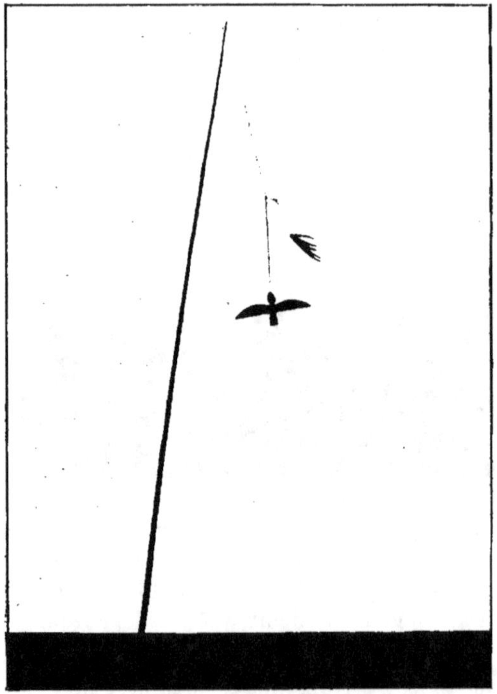

Leurre en bois qui sert à rapprocher le faucon qui se trouve encore trop éloigné.

piquet, c'est-à-dire jusqu'au centre du filet qu'on rabattra aussitôt.

Cette traction ne dérangera nullement le faucon, ainsi qu'on serait tenté de le croire ; tout à sa joie féroce d'avoir lié un volatile de choix, il prendra pour des débats de sa victime l'entraînement de la filière vers le filet fatal.

Tel est le mécanisme de la capture, mais ce n'est pas tout ! Le pigeon de prise ne devant être employé qu'au moment décisif et, jusque-là, laissé en repos, il faut trouver un moyen d'attirer le faucon que l'on a aperçu au loin. Voici comment l'on procède.

A une vingtaine de mètres à gauche du filet, placez une perche de 5 ou 6 mètres de haut au sommet de laquelle vous attacherez une filière dont l'extrémité sera fixée à l'intérieur de la hutte ; au

Pigeon sorti de son réduit et amené au centre du bow-net.

tiers environ de cette filière, à partir du haut de la perche, fixez une petite corde d'un mètre de long et attachez au bout de cette corde un pigeon quelconque, dont le corps aura été emprisonné dans une manière de petit corset, de façon à laisser aux ailes de l'oiseau toute leur liberté.

La manœuvre que vous allez imposer à ce malheureux pigeon étant assez fatigante, il convient de lui mettre ce corset qui, le maintenant sous le ventre et la poitrine, ne le blessera pas. On peut le façonner en cuir ou en étoffe et chacun trouvera le moyen de le confectionner d'une manière pratique sans qu'il soit

utile d'insister ; il conviendra seulement de lui fixer dans le haut
en arrière du cou et en avant des ailes un petit anneau par lequel
l'oiseau sera attaché à la corde d'un mètre dont il est question
plus haut.

Il va de soi, en examinant le dessin ci-contre, que si, de la hutte

Bow-net à moitié rabattu au moyen de la filière de droite, la filière de gauche est celle qui
sert à attirer au préalable, au centre du filet, le pigeon caché dans le réduit.

on tire sur la filière de la perche de façon à la tendre, on impri-
mera au pigeon une impulsion de bas en haut ; l'oiseau se mettra
alors à voler mais, maintenu par la corde, il cessera bientôt
d'agiter les ailes, et si alors vous lâchez doucement la filière, il se
posera sur le sol à un endroit qui vous indiquera la place exacte
ou vous devez le soustraire à la vue du faucon!...

Quel est en effet le but de ce pigeon? C'est d'attirer le faucon
qui est en vue, mais il ne doit pas être sacrifié, puisque nous en
avons déjà un que nous avons réservé tout exprès ; il faut donc lui
ménager un petit réduit, comme on l'a fait pour son camarade,
avec cette différence que la retraite en question sera ouverte du

côté de la hutte de façon à ce que le pigeon y entre librement, ce qu'il ne manquera pas de faire chaque fois qu'après l'avoir fait voleter on l'aura laissé se poser doucement sur le sol.

La manœuvre du piégage est donc facile à comprendre : une fois dans sa hutte, le piégeur livré à ses seules méditations, fouille l'horizon et agite de temps en temps son pigeon de leurre. Aperçoit-il un faucon ? il continue à agiter le leurre vivant pour ne le laisser en repos et disparaître que lorsque le faucon sera suffisamment rapproché. Alors d'un coup sec, il fait sortir le pigeon blanc de droite qui, frais et dispos, se met à voler bruyamment.

Mais déjà celui-ci est lié et le tout, captif et ravisseur, sont entraînés au centre du bow-net. D'un second coup sec, le filet est rabattu ; le faucon est pris !

Ne vous pressez pas trop, alors ! commencez par attacher dans la hutte, en la tirant bien, la filière du bow-net, pour que le faucon, dans ses mouvements désordonnés, ne soulève pas le filet, et allez, sans précipitation, sans cris et sans grands gestes, le dégager des mailles où il est empêtré. Chaperonnez-le de rust, portez-le dans la hutte, mettez-lui la chemise et rentrez-le au logis avec la satisfaction d'un homme qui a accompli une prouesse peu banale !

Nous avons donné ici la disposition sommaire d'une hutte. En Hollande, l'attirail dont nous avons parlé se complique de perches supplémentaires qui servent à y attacher, toujours au moyen de filières, soit des touffes de plumes, soit un faucon de bois, soit encore un oiseau de proie quelconque, buse ou faucon hors d'usage. Ces différents moyens ayant pour but de ne pas fatiguer le pigeon de leurre et aussi d'exciter le faucon sauvage qui, croyant apercevoir de loin un de ses camarades à la poursuite d'une proie, se rapproche d'abord par curiosité ou convoitise et ne peut ensuite, une fois à portée, résister à la tentation de lier le beau pigeon qui doit causer sa perte.

Les perches sont alors au nombre de deux ou trois; de plus, les piégeurs hollandais se servent d'une pie-grièche qu'ils placent à proximité de leur hutte. Cet oiseau, muni de jets, est attaché sur une motte de gazon où un petit refuge lui est ménagé. La vue de la pie-grièche étant des plus perçantes et l'horreur qu'elle a des faucons étant extrême, elle avertit le piégeur par son attitude et ses cris de l'arrivée d'un faucon que la jumelle la plus forte aurait peine à distinguer. Ces indications permettent alors au fauconnier d'agiter ses engins au moment propice et lui évitent ainsi un travail des plus fatigants.

DU DRESSAGE

De même qu'un amoureux, peu rassuré sur l'affection de sa maîtresse, cherche à la captiver en l'entourant de soins jaloux et de prévenances raffinées, de même le fauconnier, qui a d'excellentes raisons pour douter de la fidélité de son élève, s'ingénie à lui rendre la vie facile et douce, en le comblant de mille attentions capables, sinon de l'attacher à lui, du moins de ne pas lui donner l'envie de fuir.

Cette comparaison que nous nous permettons serait tout à fait exacte si, dans le premier cas, il ne s'agissait d'un doux élan du cœur qu'on espère, alors que, dans le second, c'est un vulgaire tiraillement d'estomac qu'on attend. Car toute la fauconnerie est là, ne l'oublions pas ; son principe essentiel repose sur l'appétit des oiseaux, et ce serait bien mal connaître ces derniers que de tabler sur leur affection comme sur leur reconnaissance.

Bien qu'il paraisse y avoir une certaine analogie dans leur dressage respectif, puisque tous deux semblent obéir à la volonté de leur maître, on ne saurait comparer le dressage du chien d'arrêt à celui de l'oiseau de chasse ; l'éducation du premier n'est qu'un jeu et ne saurait être mise en parallèle avec celle du second ; les raisons en sont simples.

Le chien est en effet l'animal domestique par excellence ; son goût pour l'homme est inné et, depuis les milliers d'années qu'il vit avec lui, il ne pourrait pas plus se passer de ses soins que de ses caresses. De plus, rivé pour ainsi dire au sol sur lequel il lui serait actuellement impossible de subsister s'il était réduit à ses propres moyens, il n'a aucune notion d'indépendance et la compagnie de l'homme est pour lui un besoin ; chassé du logis, il y revient bien vite penaud et suppliant, et, roué de coups, il semble encore heureux de lécher la main qui l'a meurtri. Le chien est donc, de sa nature, un animal essentiellement sociable.

D'un autre côté, si nous considérons son intelligence, nous voyons qu'elle est bien supérieure à celle de l'oiseau. Doué de précieuses qualités naturelles, il est arrivé à la suite d'un dressage patient et raisonné à rendre des services absolument remarquables. Le fait d'arrêter le gibier, le fait surtout de le rapporter (action tout à fait contre nature) ne sont que les conséquences du développement que l'homme a su donner à des qualités physiques, on pourrait dire mentales, que l'atavisme transmet ensuite aux jeunes sujets. Le chien est donc et par sa docilité naturelle, et par son intelligence acquise, tout préparé à l'éducation que nous lui donnons ; il ne saurait y avoir à ce sujet aucun doute.

Tout au contraire, le faucon qui semblable en cela aux autres oiseaux occupe parmi les êtres organisés un rang bien inférieur à celui des Mammifères en général et du chien en particulier, nous arrive toujours, lorsque nous entreprenons le dressage, avec un caractère farouche qu'on juge même, au premier abord, indomptable.

Pourchassé par l'homme qui lui fait une guerre incessante, et considérant ce dernier comme son plus mortel ennemi, il le craint d'instinct, et fuit son approche ; de plus, ne se reproduisant pas en captivité (la grande loi de la sélection s'y opposant), il ne nous parvient jamais qu'avec le caractère sauvage de ses parents ; il en résulte que l'atavisme, si favorable au dressage du chien d'arrêt, devient par une raison inverse, un obstacle très sérieux à l'éducation de l'oiseau.

Ne lui demandez pas d'affection, il en est tout à fait incapable ;

insensible aux caresses et ne souffrant pas les mauvais traite-
ments, il est et sera toujours prêt à reprendre sa liberté première
si, par suite d'une circonstance quelconque, il a pu, hors de la
vue du fauconnier, se rassasier sur la proie qu'il a saisie et *dérober ensuite ses sonnettes*. Évoluant alors dans un élément sans
bornes, il aura vite fait de se transporter à des distances considérables, et, libre et indépendant, il sera toujours assuré de se procurer la nourriture qui lui est nécessaire.

Il découle de ces considérations diverses que, n'étant pas doués
des qualités que l'homme a si merveilleusement développées dans
le chien au point d'en faire un animal sociable obéissant et soumis à tous ses caprices, les oiseaux ne sont pas susceptibles
d'être dressés comme lui par des moyens qu'on pourrait dire
intellectuels. C'est donc à leurs penchants naturels qu'il a fallu
s'adresser et les premiers fauconniers n'ont eu garde d'y manquer,
en faisant leur profit de celui qui chez les faucons est le plus
caractéristique, nous voulons parler de leur voracité.

La nature a, en effet, doué ces oiseaux de la faculté d'absorber
à la fois une grande quantité d'aliments. La nourriture que les
faucons avalent ainsi gloutonnement est reçue dans une poche
dite mulette où elle est conservée en réserve pour passer ensuite,
et petit à petit, dans l'estomac. Une fois gavé, ou, pour parler
notre langage, dès que l'oiseau « a bonne gorge », il s'isole, se
recueille et demeure, pendant tout le temps de sa digestion, lourd,
pesant et indifférent au gibier qui passe, pour ne se remettre en
chasse, et cela avec une énergie et une férocité nouvelles, que
lorsque la faim l'aiguillonne de nouveau.

C'est en observant cette manière de se nourrir que l'homme a
pu soumettre les oiseaux de chasse à sa volonté, et il est arrivé à
régler leur nourriture au point, qu'abandonnés à eux-mêmes au
moment du vol, ils n'ont plus, pendant un certain temps du moins,
conscience de la liberté qu'ils pourraient recouvrer, ne songeant
qu'à la proie qu'on leur fait voir, ou à la nourriture qu'on leur
présente, si on veut les rappeler à la suite d'un vol malheureux !

ÉLEVAGE ET DRESSAGE DES FAUCONS NIAIS

Avant d'entreprendre l'affaitage de ces jeunes oiseaux qui n'ont jamais volé, puisqu'ils ont été pris dans l'aire à un état plus ou moins avancé de croissance, il convient de les élever d'abord en liberté relative dans une vaste chambre où la pousse de leurs plumes se fera normalement, puis en liberté complète, car c'est alors seulement qu'ils apprendront à bien voler et qu'ils acquerront la force qui leur sera nécessaire pour nous rendre les services que nous attendons d'eux.

Dans le premier cas, il suffit de les lâcher dans une chambre, aussi grande que possible, et de leur donner, pendant tout le temps qu'ils y séjourneront, une nourriture saine et abondante, composée de viande de bœuf ou d'oiseaux quelconques fraîchement tués, que l'on placera sur quelques planches accouplées et posées à terre.

On disposera dans ladite chambre des perches ou tréteaux de différentes hauteurs pour que les élèves aient à faire un certain effort lorsqu'ils voudront s'y poser. De plus les fenêtres seront garnies d'un solide filet bien tendu pour que les oiseaux ne brisent pas les carreaux en s'y heurtant. Un tub ou bassin rempli d'eau sera placé sur le sol pour que les niais puissent s'y baigner à leur aise, et on leur tiendra compagnie, le plus qu'on pourra, les maniant gentiment et les faisant monter doucement sur le poing, ce qu'ils feront sans difficulté ; on pourra même, et c'est un très bon moyen, les faire manger sur le leurre tenu à la main.

Il sera bon également, si cela est possible, que de leur chambre les oiseaux puissent voir passer gens, chiens, chevaux, charrettes, de façon à les habituer de bonne heure au bruit et au mouvement.

Quand les élèves seront bien emplumés et vigoureux, il faudra les armer de jets, leur mettre de fortes sonnettes et commencer l'élevage au taquet.

Charles Wolf, fauconnier français au service de l'auteur, Berck-sur-Mer, 1888.

On pourrait, ainsi qu'on l'a vu à l'explication de ce mot au dictionnaire, commencer cet élevage dès qu'on a reçu les niais, mais nous préférons le faire précéder de l'élevage en chambre qui a l'avantage de les habituer aux gens, et de permettre une surveillance beaucoup plus facile.

Un bouquet d'arbres entouré de plaines, ou à défaut la lisière d'un petit bois sera toujours l'endroit le plus propice à nos desseins.

Choisissez un temps sec et doux et, *tout à fait à la tombée du jour*, allez poser vos élèves sur les branches basses des arbres qui bordent la plaine. Placez sur le sol, à une vingtaine de mètres des arbres, les planches sur lesquelles ils ont l'habitude de manger, attachez-y quelques volatiles morts, pigeons ou autres, et retirez-vous. Le lendemain matin vos oiseaux, après avoir voleté un peu, viendront sûrement manger leur pât, et ils ne manqueront pas d'y revenir, dès que la faim les pressera, après des randonnées qui augmenteront de plus en plus. (On rencontre quelquefois des niais élevés au taquet à plusieurs kilomètres de leur point de ralliement.) Lorsqu'au bout de quelque temps vous vous apercevrez que vos élèves deviennent trop vagabonds, et commencent à vouloir chasser pour leur propre compte, pies, corbeaux, ramiers (mais cela sans succès par suite des sonnettes qui alourdissent leur vol et surtout à cause de leur inexpérience) il faudra songer à les prendre, chose qui vous sera facile au moyen du bow-net. Les oiseaux étant repris, chaperonnez-les au sortir du filet, mettez le touret aux jets, enfilez la longe et nouez-les à la perche.

A partir de ce moment il faut leur « faire la tête » c'est-à-dire les habituer au chaperon et régler leur repas de façon à les affamer suffisamment pour les forcer à sauter sur le poing afin d'y prendre leur nourriture.

Pour cela défaites le nœud de la perche, laissez glisser la longe jusqu'au bout dans le touret, enroulez le petit bout de la longe autour des doigts de la main gauche armée du gant, déchaperonnez l'oiseau sur la perche même, et faites-le venir au poing à petite distance en lui présentant son pât. Il viendra très vite à bout de longe. Répétez la même opération dehors, l'oiseau étant au bloc et bientôt vous pourrez commencer l'exercice du leurre.

Avant de leurrer dehors, chaperonnez l'oiseau et faites-le porter par un aide qui aura noué une filière à l'anneau inférieur du touret (la longe une fois enlevée) votre aide tenant bien entendu dans la main droite le bout de la filière qu'il déroulera à ses pieds au moment voulu.

Choisissez un endroit libre de tout obstacle, cour ou pelouse, placez-vous à quelques mètres de l'oiseau et toujours au vent (il est indispensable au cours de cet exercice de faire voler l'oiseau vent debout, car il se dirige très mal vent arrière), faites déchaperonner votre élève et, au même moment, lancez le leurre acharné sur le sol. L'oiseau viendra se poser dessus et vous le laisserez tirer quelques beccades. Recommencez le même exercice plusieurs jours de suite en augmentant progressivement les distances et vous pourrez sans crainte (si vous avez un peu abaissé votre oiseau pour ce premier exercice plein d'émotion pour un débutant) le laisser voler en liberté c'est-à-dire sans touret, ni filière. Mais, à partir de ce moment, l'exercice ne sera plus le même; au lieu de laisser l'oiseau lier le leurre vous le lui retirerez prestement au moment précis où il sera près de le toucher. L'oiseau étant lancé ne s'arrêtera pas, il montera pour retomber d'un mouvement de revers sur le leurre que vous lui aurez jeté de nouveau. Vous pourrez répéter ce manège deux ou trois fois et vous laisserez paître votre élève. Plus tard c'est une vingtaine de passades que vous pourrez exiger de lui avant de lui laisser lier le leurre. L'exercice une fois terminé, chaperonnez et laissez l'oiseau tirer une beccade à travers le chaperon.

Il va sans dire que les oiseaux devront être portés plusieurs fois dans la journée et qu'on leur « fera la tête » assez souvent pour les habituer au chaperon.

N'abaissez pas trop vos niais car ils deviendraient criards et cet

Jacques Frost, fauconnier anglais au service de M. le Dr Arbel.

horrible défaut est contagieux. Dès que vous entendrez un oiseau crier avec persistance, isolez-le et « remontez-le ». Chaque matin, surveillez le dessous de la perche que vous aurez eu soin de sabler et si, la veille, l'oiseau a absorbé des plumes, vous trouverez la pelote en forme d'amande ; elle doit être un peu humide si l'oiseau est en bonne santé.

Le matin, ne chaperonnez jamais un oiseau avant qu'il n'ait rendu la pelote, car il courrait le risque de s'étouffer s'il ne pouvait la rejeter librement.

Tel est l'élevage des niais et aussi la façon de les introduire.

Le dressage des niais est facile, car, n'ayant jamais connu la liberté, ils se familiarisent assez vite et il suffit de régler leur nourriture pour qu'à l'heure des exercices en pleins champs, ils soient suffisamment affamés pour obéir aux mouvements du leurre.

Par une belle après-midi, chaperonnez votre niais et portez-le en plaine, le leurre caché dans une de vos poches. Arrivé à une certaine distance des habitations, déchaperonnez et jetez l'oiseau hors du poing par un mouvement semblable à celui d'un homme qui, le bras tendu, lancerait une balle d'arrière en avant. L'oiseau partira en montant pour revenir dans votre direction. Continuez votre marche sans vous occuper de votre élève, et de temps en temps, *mais pendant une seconde seulement*, faites-lui voir le leurre que vous ferez tournoyer en le tenant court et tout en marchant. L'oiseau l'ayant vu reviendra sur vous, cachez prestement votre leurre, continuez votre marche et ne le lancez sur le sol que lorsque vous verrez votre élève donner quelques signes de fatigue. En répétant cet exercice pendant une quinzaine de jours, vous arriverez à faire monter votre oiseau à de grandes hauteurs en décrivant au-dessus de vous des cercles de plus en plus étendus, jusqu'au moment où, pour le récompenser de son travail, vous lui jetterez le leurre, sur lequel il fondra comme une flèche, pour y prendre une nourriture bien gagnée.

Le fait de planer ainsi au-dessus du fauconnier s'appelle voler d'amont ou tenir amont. C'est ce que l'oiseau devra faire plus tard lorsque vous voudrez faire partir sous lui un gibier que vous saurez remisé dans un couvert.

A lire les lignes qui précèdent, on en déduirait que le dressage des faucons est chose facile, mais n'oublions pas qu'il s'agit ici d'oiseaux n'ayant jamais connu la liberté. L'affaitage des faucons adultes sera plus délicat, mais aussi les services qu'ils vous rendront seront tout autres, car ayant chassé pour leur propre compte ils connaîtront toutes les ruses de l'adversaire qu'ils entreprendront et vous obtiendrez avec eux des résultats que les niais seraient tout à fait incapables de vous donner.

DRESSAGE DES FAUCONS ADULTES

Celui qui n'a pas retiré lui-même, des mailles d'un bow-net, un faucon sauvage qui vient de s'y laisser prendre, ne peut avoir aucune idée de la beauté farouche de ce noble oiseau. Empêtré dans le filet sans lâcher pour cela le pigeon qu'il vient d'étreindre, il vous apparaît dans un état de révolte et de fureur indescriptibles. Un plumage splendide lisse et brillant, un bec ouvert et menaçant qui crie l'épouvante, un œil démesurément dilaté qui vous lance des éclairs de haine, des contractions musculaires et des crispations désespérées qui décèlent une vigueur et une énergie peu communes, tout concourt à vous donner la sensation que vous avez bien devant vous l'oiseau le mieux armé par la nature pour une œuvre de destruction et de carnage !

La première fois que ce spectacle vous sera donné, vous ne manquerez pas de vous demander, comme cela nous est arrivé à nous-même, comment vous arriverez jamais à soumettre à votre volonté un naturel qu'à ce moment même vous tiendrez pour tout à fait indomptable.

Pour arriver à calmer rapidement ce caractère féroce, qui n'a jamais connu de frein, les anciens fauconniers se servaient de trois moyens des plus radicaux : ils abrutissaient positivement l'oiseau par la privation de lumière, par la privation de nour-

Lefèvre, fauconnier au service de l'auteur. Berck-sur-Mer, 1890.

riture et la privation de sommeil ; mais on est actuellement
revenu de ces procédés par trop énergiques, qui peuvent être nui-
sibles à la santé de l'oiseau, et les fauconniers modernes se con-
tentent de le priver de lumière, en le chaperonnant constamment
pendant la première partie de l'affaitage, et en le rationnant d'une
façon modérée.

Dès que le faucon pris au filet aura été chaperonné de rust,
armez-le et placez-le dans une chambre obscure où vous le laisserez sur un bloc jusqu'au lendemain ; n'oubliez pas, avant de
l'abandonner à sa solitude, de lui enlever le chaperon pour qu'il
puisse rejeter sa pelote. Le jour suivant, pénétrez le matin dans
la chambre, chaperonnez l'oiseau dans une obscurité relative,
portez-le sur le poing armé du gant, présentez-lui quelques morceaux de viande, coupés en morceaux plats et longs pour qu'il
puisse les avaler facilement à travers le chaperon.

Quelques jours suffiront pour que le faucon mange ainsi sur le
poing dès que vous lui aurez posé sur les mains la nourriture
qu'il doit prendre. N'oubliez pas que, pendant toute cette première
partie de l'affaitage, l'oiseau devra rester chaperonné nuit et jour ;
il conviendra donc de ne rien lui donner qui puisse former pelote.
Si l'oiseau se débattait violemment lorsque vous le prenez sur le
poing, bridez-lui l'aile et si cela ne suffisait pas, aspergez-le de
jets d'eau froide.

Dès qu'il mangera, sans se faire prier, le pât que vous lui offrirez,
mettez-le à la perche en remplaçant le chaperon de rust par un
chaperon à cornette que vous aurez soin d'enlever chaque soir,
car, à partir de ce moment, vous nourrirez votre oiseau de pigeons
ou autres animaux qui pourront être encore couverts de poils ou
de plumes. Il faudra alors le porter deux fois par jour et plusieurs
heures chaque fois, d'abord dans le perchoir, ensuite dehors et,
au début, dans des endroits solitaires. Servez-vous du frist-frast
pendant ces exercices, le frottement de cet instrument calmant
beaucoup les oiseaux. Otez de temps en temps le chaperon, et
chaque fois que vous l'aurez remis donnez une beccade à votre

élève. Petit à petit vous l'habituez aussi à prendre, sans chaperon, la nourriture que vous lui présenterez, et au bout d'une quinzaine de jours environ, vous pourrez commencer les premières leçons d'affaitage. Les oiseaux continueront à être portés deux fois par jour et cela pendant un certain temps ; plus tard, lorsque le moment de la chasse sera venu, il sera inutile de les porter ainsi (le transport sur la cage suffisant), mais vous aurez néanmoins à le faire, si le mauvais temps vous oblige à rester au logis.

Affaitage dans la chambre : Pour affaiter l'oiseau, cherchez d'abord à le faire sauter de la perche sur le poing, en tenant le petit bout de la longe enroulé autour du petit doigt de la main gauche armée du gant, et augmentez les distances jusqu'à ce que l'élève vienne 5 ou 6 fois de lui-même, en liberté et à votre appel, se poser sur le poing (Hallo ! hallo ! était le cri des fauconniers hollandais pour réclamer l'oiseau). Donnez-lui chaque fois une petite beccade et terminez la leçon en lui donnant bonne gorge. Quand le faucon viendra bien au poing en liberté de toute la longueur de la chambre, faites-lui prendre, toujours dans la chambre, un pigeon attaché à une filière en augmentant progressivement les distances.

Comme il sera nécessaire de laisser votre élève manger son pigeon dès qu'il l'aura lié, il est évident que vous ne pourrez lui donner qu'une leçon par jour. Ce n'est qu'au bout d'une dizaine de ces leçons répétées quotidiennement qu'on pourra passer aux mêmes expériences en plein air. L'ensemble de ces exercices pourra durer un mois ou six semaines.

Affaitage en plein air : Le premier jour jardinez l'oiseau le matin, et faites-lui prendre un bain en plein air dans un endroit où vous serez sûr qu'il ne sera pas dérangé ; chaperonnez-le au sortir du bain et rentrez-le au perchoir où vous lui donnerez bonne gorge. Repos complet toute la journée. Le lendemain et les jours suivants, faites prendre à l'oiseau un pigeon que vous ferez voler au bout d'une filière légère, d'abord de très près, ensuite à une distance de plus en plus grande, pour arriver à une trentaine de

La reprise du faucon au leurre (dressage).

mètres ; bien entendu il vous faudra un aide qui tiendra le faucon attaché à sa créance.

Quinze jours de ces leçons seront nécessaires ; n'oublions pas que nous avons à soumettre un caractère essentiellement sauvage et que ce n'est que l'habitude des exercices répétés ainsi qui lui fera perdre la notion de son indépendance. Il convient donc de ne pas se hâter ; nous ajouterons, pour expliquer ces délais qui peuvent paraître longs, que le faucon ne prendra sa leçon que tous les deux jours, par la raison que la veille de cette leçon il ne sera pu que d'une demi-gorge pour être bien affamé le lendemain. Ce jour de demi-gorge ne sera pas perdu pour cela, et sera employé à faire venir le faucon sur le poing dans le perchoir. Il sera temps alors de remplacer le pigeon, d'abord par une poule qu'on tiendra au bout d'une filière de 5 ou 6 mètres de longueur, puis par un gros coq, jusqu'à ce que le faucon le lie avec rage sans se laisser intimider par sa corpulence et par ses cris. Ces moyens sont bons pour habituer le faucon à s'attaquer à de gros volatiles, mais si l'on doit se borner au vol des corneilles, une poule noire suffira.

Continuez tous ces excercices en les alternant dehors et dedans, et ne vous pressez pas ; car il faut faire oublier à l'oiseau, nous y insistons encore, sa liberté première et lui faire comprendre que lorsque vous le porterez aux champs, ce sera pour lui procurer une nourriture qu'il ne doit attendre que de vous seul.

Votre oiseau étant parfaitement introduit et bien affamé par sa demi-gorge de la veille, enlevez-lui touret, longe et filière et laissez-le, en liberté, prendre le pigeon attaché au bout d'une créance de quelques mètres. La fois suivante même répétition, avec cette différence que le pigeon sera complètement lâché après lui avoir toutefois attaché une longue filière aux jets pour ralentir son vol. Une autre fois supprimez la filière du pigeon et contentez-vous de lui enlever quelques longues plumes à chaque aile. Plus tard enfin, déchaperonnez votre oiseau sans rien lui montrer, jetez-le hors du poing et après son premier cercle en l'air leurrez-le avec un pigeon vivant; s'il le lie bien, votre oiseau est introduit ! Vous pourrez passer aux exercices du leurre comme il a été dit pour les oiseaux niais, avec cette différence toutefois qu'il ne faudra jamais les leurrer aussi longtemps à chaque séance : 5 ou 6 passades suffiront. Si vous voulez plus tard faire voler 2 ou 3 faucons à la fois, vous aurez au préalable à les habituer à manger ensemble sur le même pigeon ; ne se pillant pas comme les oiseaux de bas vol et volant parfaitement de compagnie, quelques séances de repas pris en commun suffiront pour les habituer les uns aux autres.

DES DIFFÉRENTS VOLS

QU'ON PEUT ENTREPRENDRE AVEC LES FAUCONS NIAIS OU ADULTES

Comme en fauconnerie il n'y a que deux sortes de vols, le vol à vue, qui consiste à déchaperonner sur une proie qui part en gagnant le haut des airs, et le vol d'amont, qui se borne à couvrir une remise, nous nous contenterons de détailler ici chacune de ces deux manières de voler; une fois bien comprises, elles permettront d'aborder d'autres vols que ceux que nous allons décrire mais toujours basés sur les mêmes principes.

VOL DE LA PERDRIX PAR LES NIAIS

Votre faucon niais étant habitué à tenir amont, comme nous l'avons vu au chapitre du dressage, allez dans une plaine découverte et lorsque vous aurez vu une compagnie de perdreaux se remettre dans un champ de betterave ou de luzerne, avancez vers la remise en marchant contre le vent, déchaperonnez et jetez! Le faucon montera alors au-dessus de votre tête, en décrivant des cercles concentriques et vous suivra. Lorsque vous le jugerez suffisamment haut et tourné dans une bonne direction, foncez sur les perdreaux en poussant des cris et faites lever la compagnie. Le faucon fondra dessus de sa hauteur qui doublera sûrement ou triplera sa vitesse, et liera fort probablement une perdrix ou la buffètera pour retomber sur elle d'un coup de revers. Si la com-

pagnie se remisait dans un bois ou taillis avant que le faucon ait
pu la rejoindre, leurrez et chaperonnez pour remettre à un peu
plus tard une nouvelle tentative. Laissez dans ce cas à votre
oiseau le temps de se reposer de son effort. Trois ou quatre vols
espacés d'une demi-heure environ seront suffisants pour un seul

Vol du faisan dans une clairière.

oiseau dans une après-midi. Telle est la théorie de ce vol, facile
en général, et des plus amusants.

VOL DE LA PIE

On pourra voler la pie de la même façon avec cette différence
toutefois qu'il faudra lui jeter deux faucons et se faire accompagner
de gens à cheval qui forceront la pie à sortir de tous les endroits
arbres ou haies, où elle se réfugiera à tire-d'ailes, et d'où il sera
souvent fort difficile de la faire partir. Les faucons ne seront pas
trop de deux (on pourrait même en mettre trois), pour lier cet
oiseau des plus difficiles à prendre, étant données sa vivacité, son
adresse et ses ruses.

VOL DU CANARD

Le canard se volera de même en le faisant partir, chose parfois
peu aisée s'il a vu son ennemi, des étangs ou ruisseaux où on le
saura caché.

Le vol de la pie.

On emploiera de préférence à ces différentes chasses des oiseaux niais, faucons ou tiercelets, et on réservera les adultes pour les efforts plus considérables que nécessite le vol de la corneille, sans parler de celui des autres oiseaux dont il sera question plus loin.

VOL DE LA CORNEILLE PAR DES FAUCONS ADULTES

Votre oiseau ayant pris des poules noires et étant ainsi habitué à des proies d'un certain volume, il ira franchement aux corbeaux qui se lèveront devant lui. Pour pratiquer cette chasse, il faut choisir de grands espaces découverts dépourvus de bois, d'arbres, buissons ou taillis ; il n'en manque pas en France. Nos immenses plaines de Beauce, de Picardie, de Champagne et de Normandie se prêtent admirablement à ce genre de vol, que nous avons pratiqué nous-mêmes avec le plus grand succès aux environs d'Etrépagny (Eure).

Voici comment l'on procède :

Dès que vous aurez vu une bande de corbeaux posée en plaine et assez loin de tout refuge, placez-vous sous le vent (les oiseaux ne pouvant monter que vent debout) et marchez dans la direction des corbeaux. Si la plaine est immense et que vous ne craigniez pas de voir les corbeaux gagner un bois ou un refuge dès qu'ils seront poursuivis, donnez-leur le plus d'avance que vous pourrez, car alors ils auront le temps de s'élever très haut et le vol n'en sera que plus beau.

Arrivés à 150, 200 ou 300 mètres d'eux, cela dépendra de l'étendue de la plaine, envoyez un homme à pied ou à cheval pour lever les oiseaux, et, dès qu'ils seront sur leurs ailes, déchaperonnez et jetez; corbeaux et faucon se sont aperçus en même temps et la lutte commence! Les premiers, sachant que leur salut unique est dans la hauteur qu'ils pourront atteindre, et sentant bien d'instinct que le faucon ne peut en être maître que s'il les domine assez pour faire sur eux sa descente, feront une diligence extrême pour

s'élever le plus haut possible dans les airs : mais leur ennemi les
a devinés et en fait autant, et, soit qu'il monte directement d'une
pointe, soit qu'il s'élève par une série de carrières ou de degrés, il
arrivera au bout d'un temps plus ou moins long, selon la distance
et la hauteur, à dominer les corbeaux.

Le jet du faucon sur une bande de corneilles.

Vous assistez alors, si vous possèdez un bon faucon, à une
manœuvre des plus curieuses ; les oiseaux sont à plusieurs
centaines de mètres de hauteur et vous ne perdez aucun détail
des péripéties du drame qui se déroule devant vous.

Le faucon, sans se presser, semble jouer avec cette bande affolée
dont il tient pour ainsi dire chaque individu à sa merci ; il fait, en
planant majestueusement, des randonnées tranquilles, pendant
qu'au-dessous de lui les corbeaux, groupés en tas, dénotent par
leurs coups d'ailes incertains une épouvante extrême. Semblant
obéir à un mot d'ordre, ils exécutent à droite et à gauche des mou-

A perte de vue. Vol de corncilles (Étrépagny, 1898).

vements d'ensemble remarquables, toujours arrêtés par un mouvement correspondant du faucon. C'est ce que les Anglais appellent « Shepering » (faire le chien de berger); la comparaison est fort juste. Mais ce jeu ne peut durer; prompt comme la foudre, le faucon a choisi une victime sur laquelle il fait une descente terrible qui la culbute du coup, ou la détache tout au moins du reste de la bande qui continue à monter en poussant des cris de détresse. Voilà donc la lutte circonscrite entre le corbeau ravalé et le faucon au travail, et l'on assiste alors à une série de mouvements d'escarpolette qui constituent un spectacle des plus intéressants : Descentes, esquivades, ressources, ruses de toutes sortes, la lutte dure quelquefois assez longtemps à la plus grande joie des spectateurs, pour se terminer par une buffetade finale et une dégringolade des deux oiseaux, l'un liant l'autre !

Parfois, si le faucon a affaire à un oiseau vigoureux et s'il n'est pas lui-même de premier ordre, il se laissera prendre le dessus par le corbeau qui alors continuera à s'élever jusqu'à ce que sa hauteur lui permette de gagner, à une très grande vitesse, une remise ou un bois qui seront pour lui le salut !

Nous n'avons pas besoin de dire que pour ce vol, il est nécessaire que deux fauconniers au moins soient montés pour piquer après les sonnettes. Il est indispensable en effet que l'on suive le vol en toute hâte, soit pour leurrer le faucon si le corbeau a disparu dans un bois, soit pour le reprendre s'il a lié sa proie et le chaperonner ensuite après lui avoir donné une beccade.

En Angleterre, où nous nous rendons assez régulièrement en compagnie de notre éminent ami Pierre-Amédée Pichot, pour assister aux vols du « Old Hawking Club », voici comment se pratique le vol de la corneille.

Au nord de Salisbury, et non loin des fameuses pierres druidiques de « Stonehenge » et de vieux vestiges de l'occupation romaine, représentée tant par les fortifications presque intactes d'un camp retranché que par les nombreux tumulus qui l'avoisinent, s'allongent à perte de vue les plaines ondulées du Wiltshire. C'est sur ces

étendues désolées et à peu près incultes, où, seule, pousse une herbe
aussi sèche que rare et où l'on parcourt des milles et des milles
sans rencontrer un être humain, que l'équipage du vieux club
anglais cantonné pour la saison des chasses dans le délicieux village d'Amesbury, se rend chaque matin vers dix heures durant
les mois d'avril et de mai, pour voler la corneille.

Les oiseaux du club proviennent de Valkenswaard (Limbourg)
et lui sont fournis par Karl Mollen, le fils du vieux fauconnier du
roi de Hollande, mort il y a une quinzaine d'années à un âge très
avancé. Continuant les vieilles traditions de son père, le fils piège
chaque année les faucons de passage qui émigrent vers le sud, et en
approvisionne le « Old Hawking Club » d'abord, et ensuite les amateurs qui se sont fait inscrire. Transportés en Angleterre par le maître
fauconnier, Oxer, qui va les chercher lui-même sur le continent, les
faucons sont dressés, pendant les mois d'hiver qui précèdent la
saison des chasses au quartier général du club, c'est-à-dire à
Lyndhurst près de Southampton. — Vers le mois d'avril, l'équipage se rend alors dans le Wiltshire où il possède plusieurs lieux
de rendez-vous et vole exclusivement les corneilles jusqu'à la fin
du mois de mai. Soit ensemble soit à tour de rôle les membres
du club viennent passer quelques jours à Amesbury ou à Everley,
leurs deux quartiers préférés, et ces réunions de sportsmen d'un
autre âge ne laissent pas d'être des plus instructives et des plus
intéressantes. Donc le matin, vers dix heures, les oiseaux au
nombre d'une dizaine environ sont placés dans le « Van », charriot
couvert muni de perches à l'intérieur pour n'en sortir qu'au
moment du vol. Cavaliers, membres du club ou châtelains des
environs, curieux à pied ou en voiture, se groupent pour suivre le
vol, et l'on part pour une direction qui varie chaque jour, étant
donné l'immense choix des terrains de chasse que l'on a à sa disposition. Une bande de corbeaux est-elle en vue? Tout le monde
s'arrête : le maître fauconnier prend un oiseau dans le charriot et
accompagné d'un aide qui marche devant lui ou à ses côtés pour
soustraire le faucon à la vue des corbeaux, va prendre son vent,

Vol de la corneille « Le choc final. »

déchaperonne et jette dès que la bande est levée. Aussitôt cavaliers
de partir au galop dans la direction du vol que les piétons et les
curieux venus en voiture, peuvent suivre facilement des yeux, vu
l'immensité du cadre.

Parfois il arrive que dans ces plaines immenses et par un vent
violent, les vols conduisent à un mille ou deux du point de
départ, et alors les cavaliers en tête desquels se trouvent toujours
les membres du club jouissent seuls du spectacle et arrivent
à temps soit pour leurrer le faucon si le corbeau a échappé.
soit pour lui enlever sa proie s'il a réussi à la lier : les autres
spectateurs doivent alors se contenter d'être avertis de cette vic-
toire par les « Hoo-up » joyeux poussés par les fauconniers montés.

En vue de cette poursuite, ceux-ci sont tous porteurs d'un chaperon et d'un leurre, et, de plus, ils tiennent dans une gaine fixée
à l'arçon de leur selle un morceau de plomb allongé du poids de
deux kilos environ. Ce plomb réuni à la bride du cheval par une
longue lanière en cuir est jeté sur le sol par le cavalier dès qu'il
met pied à terre, ce qui laisse croire au cheval qu'il est attaché et
l'empêche de fuir. Du reste, dans ces solitudes, quelques chevaux
abandonnés à eux-mêmes se groupent volontiers sans chercher
à s'éloigner les uns des autres.

Plusieurs vols sont ainsi tentés dans la matinée ; un lunch champêtre mais toujours copieux (nous sommes en Angleterre) et non
moins cordial (les fauconniers sont frères) réunit les chasseurs
dans quelque grange abandonnée ou à l'abri d'un monticule quelconque et les vols reprennent l'après-midi pour ne se terminer
qu'au soir. L'heure de la retraite a sonné et de bien loin souvent
les fauconniers rentrent au cantonnement, où, après un dîner qui
lui alors n'est plus champêtre, l'on devise longuement, bien longuement... de chasses et d'oiseaux !

Au retour, les différents vols de la journée sont soigneusement
inscrits sur un livre spécial avec toutes leurs péripéties.

Au moment d'envoyer notre ouvrage à l'impression nous recevons communication d'une lettre écrite à M. P.-A. Pichot par un

des membres du club anglais cité plus haut et nous ne pouvons résister au plaisir d'en reproduire ici un extrait. Cette lettre est datée du 2 mai dernier, de Schrewton dans le Wiltshire, où vient de se terminer le déplacement annuel de nos confrères Anglais pour le vol de la corneille :

« Il faut que je vous narre les péripéties d'un de nos vols de
« jeudi dernier, car c'est assurément le plus beau de ceux auxquels
« il m'ait jamais été donné d'assister !

« Nous avions déchaperonné un jeune faucon de passage sur
« trois corneilles qui traversaient la plaine, quand soudain celle que
« le faucon avait entreprise gagne à tire-d'ailes un bouquet d'arbres.
« Nous piquons après pour la déloger et la voilà qui monte en
« cercles.

« En un moment nos deux oiseaux ont gagné le haut des airs,
« quand le faucon, prenant le dessus, ravale la corneille qui se
« réfugie alors à l'abri d'une grange abandonnée ; nous l'en fai-
« sons partir et pour la seconde fois elle reprend son vol en
« spirales.

« Le faucon la suit, monte à une grande hauteur, reprend le
« meilleur et·d'une vigoureuse buffetade le rabat dans un bouquet
« d'arbres. Nous repiquons alors pour la déloger une troisième
« fois, mais le courageux oiseau ne nous attend pas et, chose tout
« à fait extraordinaire, exécute une nouvelle ascension circulaire
« qui n'atteint pas, cette fois, la même altitude que précédemment,
« car le faucon faisant sur lui trois terribles descentes (dont l'une
« lui enlève la queue tout entière) le force à se jeter dans un
« épais massif.

« Cette fois je crois le vol bien fini et je leurre le faucon, mais
« celui-ci reste sur ses ailes n'entendant pas abandonner son adver-
« saire. Or, quelle n'est pas notre surprise de voir ce dernier, dont
« le courage, dans cette lutte désespérée, s'est montré tout à fait
« extraordinaire, quitter le bois qui était pour lui le salut et cher-
« cher à gagner sa *corbeautière* située à un demi-mille sous le vent !

« Alors commence une poursuite en droite ligne ; mais rapide

Fauconniers arabes.

« comme la flèche le faucon rejoint la corneille et la lie au moment
« même où elle allait atteindre son dernier et suprême refuge...
« Nous étions à deux milles de l'endroit où nous avions déchape-
« ronné !

« Ce vol est, à coup sûr, le plus beau de ma vie. Racontez-en les
« détails à nos amis Belvallette et Barrachin. J'aurais voulu pour
« tout au monde que vous eussiez pu comme nous y assister. »

Si nous avons traduit ici un des passages de cette lettre, c'est,
d'abord, pour montrer comment se relatent les phases d'un vol et
aussi, et beaucoup, pour permettre à nos lecteurs de juger de
l'enthousiasme d'un vrai fauconnier !

Quelle précision ! Quelle chaleur et quelles images aussi pour
ceux qui ont, ne fût-ce qu'un peu, pratiqué la fauconnerie !

M^r B-H. Jones, le signataire de cette lettre, est du reste un des
membres les plus éclairés et les plus convaincus du « Old Hawking Club », et c'est un véritable plaisir, pour ceux qui ont le
bonheur d'assister à ces réunions charmantes, de le voir opérer en
plaine en fauconnier consommé, et de l'entendre ensuite, pendant
le joyeux dîner du soir, raconter avec une précision remarquable
toutes les péripéties des vols de la journée !

DU VOL DU HÉRON

Le vol du héron est un des plus beaux auxquels un fauconnier
puisse prétendre. Pour se procurer un héron, on place le soir,
sur un des nids d'une héronnière, une longue corde terminée par
un nœud coulant au moyen duquel on s'empare de l'oiseau. Puis
on porte le captif dans une chambre obscure, et on lui sille les
yeux. Cette opération qui paraît barbare mais qui doit (?) être peu
douloureuse, consiste à passer, au moyen d'une aiguille à coudre,
un fil de soie par la paupière inférieure de chaque œil, à tordre et
à nouer sur le sommet de la tête les deux fils, de manière que les
paupières soient levées assez haut pour recouvrir complètement
le globe de l'œil. On pourrait se dispenser de siller en se servant

d'un chaperon spécial, mais on serait alors dans l'obligation de déchaperonner le héron chaque fois qu'on le nourrit, et probablement d'entamer une lutte avec l'oiseau qui se sert fort adroitement de son bec ; c'est sans doute la raison qui a toujours fait siller les hérons qui servent aux exercices. Les hérons refusant généralement de prendre toute nourriture lorsqu'ils sont en captivité, on les y force en leur ingurgitant quelques morceaux de viande ou quelques petits poissons auxquels on ajoute un verre d'eau. Il est même utile dans ce cas, pour que l'oiseau ne rejette pas ces aliments dont il ne veut pas, de lui serrer le haut du cou au moyen d'une petite courroie.

On choisit pour les exercices qui vont suivre une prairie ou un champ dépourvu d'arbres. On y porte le héron à qui on place l'étui, sorte de fourreau en cuir épais du bout et emmanché à l'extrémité du bec ; on attache de plus aux pieds de l'oiseau une longue filière. Un fauconnier pose alors le héron à terre, le désille en dénouant les fils, lui jette un mouchoir sur la tête et le maintient à pleines mains par le corps. Deux autres fauconniers, portant chacun un faucon chaperonné sur le poing et tenu en filière, se tiennent un peu en arrière du héron et à gauche. Les trois hommes étant ainsi placés, le premier lâche le héron qui est attaché comme nous l'avons dit. Aussitôt le second fauconnier déchaperonne et jette son oiseau qui se précipite de suite sur le héron. Dès qu'il l'a lié, les fauconniers se hâtent d'accourir et de présenter au faucon un pigeon vivant qu'ils lui laissent dévorer sur le héron même. Le même exercice est répété avec le second faucon et le héron est rentré pour servir aux exercices suivants. Bien entendu il est sillé de nouveau avec les deux fils qui n'ont été que dénoués, et l'étui est enlevé pour être remis chaque fois qu'on recommence les mêmes leçons.

Bientôt on jette les deux faucons ensemble, et un peu plus tard on lâche le héron et les oiseaux en complète liberté, après avoir eu soin toutefois d'attacher aux pieds du héron une longue corde qui ralentit son vol.

Fauconnier japonais.

Quelque temps après, on se rend l'après-midi dans une plaine située sur le passage des hérons (tous les terrains, on le voit, ne se prêtent pas à cette chasse). Revenant de la pêche et alourdis par le poisson qu'ils ont absorbé, ils volent à de faibles hauteurs pour regagner tranquillement la héronnière. C'est alors qu'en jetant les premières fois les faucons aux hérons dont le vol est bas, et successivement à ceux qui volent plus haut, on arrive à avoir des

Le vol du canard sur les étangs.

oiseaux qui attaquent à de grandes hauteurs. Ces leçons durent deux bons mois et comme elles sont précédées des exercices préparatoires dont nous avons parlé et qui en exigent au moins deux ou trois, on verra qu'il faut une durée de cinq mois environ pour affaiter parfaitement les faucons au vol du héron.

VOL DU MILAN

Autrefois, dans les fauconneries royales, le vol du milan était considéré comme le plus difficile et partant le plus beau. Chaque année, pour le premier milan noir que le chef du vol pour milan prenait en présence du roi, le cheval de Sa Majesté ainsi que sa robe de chambre et ses mules appartenaient à ce chef de vol. Il est vrai d'ajouter qu'ils étaient toujours rachetés pour trois cents écus.

L'affaitage des faucons sur le milan se fait de la même manière que sur le héron. Les oiseaux les plus estimés pour ce vol qui est de tous le plus dur et le plus difficile, étaient les faucons blancs et d'Islande, les gerfauts et les sacres. On y employait aussi, mais avec moins de chance de succès, le sacret et le faucon de passage.

Pour pratiquer ce vol, on était dans l'obligation, dès qu'on avait aperçu un milan, de l'attirer en plaine et de le faire descendre suffisamment des hauteurs où il plane d'habitude pour donner aux faucons quelques chances de l'atteindre. Pour cela, on se servait d'un grand-duc porté par un aide dont c'était le service unique. Aux pieds de cet oiseau, déjà affrayant par lui-même et qui inspire toujours à tous les volatiles une terreur et une haine instinctive, on attachait, au moyen d'une corde de quel-ques mètres, une queue de renard. Il en résultait que le duc, une fois lâché en plaine, traînait ce poids qui l'empêchait de voler bien loin, et qui, de plus, lui donnait à distance un aspect des plus fantastiques. A sa vue, le milan descendait vers lui pour mieux se rendre compte de ce spectacle étrange et souvent même pour le buffeter, et c'est lorsqu'il était suffisamment bas qu'on lui jetait un, deux, et même trois oiseaux de premier ordre.

DES MALADIES DES OISEAUX

Ce qui frappe le plus dans les anciens traités de fauconnerie, c'est la quantité aussi bien que la bizarrerie des remèdes employés autrefois pour guérir les maladies des oiseaux de chasse. A en juger par les compositions ridicules de ces recettes, on conçoit aisément que le moyen âge ait été l'âge d'or des empiriques, rebouteurs et sorciers.

Chappeville ne nous indique-t-il pas que pour empêcher les oiseaux de pondre, ce qui leur arrive quelquefois en captivité, il faut prendre de l'eau d'endive, de l'eau de vigne, de l'urine d'un enfant mâle et en détremper la viande qu'on leur donne ! Voulez-vous un remède, cité par le même auteur, contre l'enflure des mains d'un oiseau qui s'est blessé en volant ? « Prenez une poignée de jombarde, senouil, graine de lin, rose de Provins à proportion, une chopine de vin blanc, le plus couvert qu'il se peut trouver ; faites bouillir le tout dans un pot neuf, jusqu'à ce qu'il se soit réduit en marc, et étuvez les mains de l'oiseau deux ou trois fois par jour ; s'il ne guérit pas (! ?) laissez résoudre le mal, et quand vous le verrez apostumer, mettez-y le feu avec un ferrement, puis ayez des limaçons rouges, pressez-les et de ce qui en sort frottez les mains pour amortir le feu, et mettez-y de la graisse de poule ! ! !..... »

Nous nous bornerons à indiquer ici les maladies les plus ordinaires des oiseaux avec les moyens pratiques de les en guérir, ou tout au moins de les soulager. On peut les réduire à une douzaine qui sont :

1° Asthme : L'oiseau asthmatique est dit « pantois, » il est difficilement guérissable ; on doit éviter alors le froid et l'humidité et tremper de temps en temps sa nourriture dans de l'huile d'amande douce.

2° Le Chancre : On appelle ainsi des taches blanches qui se voient au palais, à la langue, et au gosier des oiseaux et qui les empêchent d'avaler leurs aliments. Il convient dans ce cas de purger l'oiseau avec quelques grains d'aloès dissimulés dans une cure, de gratter le chancre avec la pointe d'un canif et de le laver au jus de citron. Évitez ensuite de ne donner à l'oiseau, pendant trois ou quatre jours, ni viande lavée, ni cure. (Voir, pour la viande lavée, le chapitre Conseils généraux.)

3° La Pépie : On nomme ainsi une peau qui se forme sur la langue des oiseaux et qui, comme le chancre, les empêche d'absorber leur nourriture : cette peau se gratte et s'enlève au moyen d'une épingle. La partie malade doit être ensuite badigeonnée d'huile d'amande douce. Le signe de la pépie est l'éternuement.

4° La Boulimie : Sorte de marasme causé par une nourriture trop débilitante ou par un long jeûne. Après une faim excessive, l'oiseau rejette tous ses aliments, dépérit et meurt. Donnée à propos, une nourriture légère, composée de petits oiseaux, ou de viande de mouton bien grattée avec un couteau et trempée dans du lait qu'on exprime ensuite par la pression de la main, peut les guérir de cette maladie assez fréquente chez les autours.

5° Rhume : Inflammation des muqueuses nasales : purger, tenir l'oiseau au chaud et donner une nourriture légère.

6° Poux et mouches (Ricins). Pour guérir les oiseaux de la vermine, il faut les poivrer ou leur insuffler de la fumée de tabac sous les plumes au moyen d'une pipe en terre. Prenez une pipe neuve à tuyau droit, dans la tête de laquelle vous insufflerez de la fumée en la dirigeant par le bout du tuyau autour du cou, sur le ventre, sous les ailes, etc. Vous pourrez encore abattre l'oiseau et lui faire prendre un bain dans lequel vous aurez mis du poivre en poudre, ou bien le laver avec une infusion de tabac. Bien observer, dans ces deux derniers cas, que le liquide n'arrive ni sur les yeux, ni au bec, ni aux narines de l'oiseau. On peut aussi prendre l'oiseau sur le poing, lorsqu'il fait un peu froid, et l'approcher près du feu ; toute la vermine sort alors et vient se promener sur la poitrine qu'on badigeonne au moyen d'une plume trempée dans une infusion de tabac.

7° Filandres : On nomme ainsi les vers qu'on trouve dans les émeuts et qui proviennent de la mauvaise qualité des aliments ; on en débarrasse les oiseaux en leur faisant avaler, à deux jours d'intervalle, deux ou trois pilules d'aloès dans un morceau de viande.

8° L'enflure des pieds ou podagre : Cette maladie provient du froid ou de l'humidité ; l'habitude trop prolongée du bloc de gazon en plein air est souvent la cause du mal. Dans ce cas, il convient de ne se servir que du bloc en bois recouvert de peau ou de drap et de badigeonner l'endroit malade avec de la teinture d'iode.

9° Inflammation du jabot : Le signe de cette maladie est le rejet des aliments une heure ou deux après qu'ils ont été absorbés ; on en guérit les oiseaux en les purgeant tous les deux jours pendant quelque temps comme il est dit plus haut pour les filandres, et en les nourrissant de viande légère, telle que poule ou lapin, et peu à la fois.

10° Apoplexie : Les autours trop gras y sont exposés, mais moins que les éperviers. Ceux-ci y sont très sujets, et l'on en perd la moitié de ce terrible mal. Une paupière tombante en est l'indice ; le seul moyen prophylactique à employer consiste à donner à l'oiseau un grain de poivre de Cayenne dans une cure et à le lâcher en liberté dans une chambre chaude.

11° Épilepsie : L'oiseau sujet à ces attaques doit être, comme dans le cas précédent, laissé en liberté pendant quelque temps et nourri de vif.

12° Tétanos : Les oiseaux enlevés trop jeunes de leur aire y sont très exposés, et, malheureusement, aucun remède connu ne peut les en guérir.

La mue : Bien que la mue ne soit pas à proprement parler une maladie, elle produit, dans l'état général de l'oiseau une telle transformation qu'il est nécessaire de leur prodiguer les mêmes soins que s'il s'agissait d'une affection pathologique ; les autours et éperviers entrent en mue en juin ou juillet. C'est un très mauvais système de faire travailler les oiseaux pendant la mue, car, si l'on veut s'en servir, on est obligé de les rationner ce qui est absolument nuisible à la pousse de leurs nouvelles plumes ; de plus celles-ci sont exposées à se briser, ce qui peut avoir les conséquences les plus fâcheuses. Le meilleur moyen à employer consiste à *nouer la longe*, c'est-à-dire à attacher les oiseaux à leur bloc dans un endroit couvert, jusqu'à ce que la mue soit terminée, ou à les lâcher en liberté dans une chambre chaude ; le premier système est bon, mais la mue devant durer plusieurs mois, il a pour inconvénient de laisser les oiseaux trop longtemps inactifs ; nous donnons donc la préférence au second.

Dans l'un et l'autre cas les oiseaux seront nourris abondamment deux fois par jour, et les bains leur seront donnés fréquemment. Si les oiseaux sont liés au bloc, ils pourront être nourris sur le poing ; dans le cas contraire, la nourriture sera déposée dans la chambre sur une planche *ad hoc;* le sol sera recouvert de sable ou de gravier, la perche bien garnie de toile, et un bassin contenant de l'eau souvent renouvelée permettra aux oiseaux de se baigner à leur guise.

Au sortir de la mue, les oiseaux devront être essimés, mais avec prudence, et les exercices de réclam, avec longe et filière, recommencés comme au début du dressage.

Plumes cassées : Quand les plumes des ailes ou du balai ne sont que tordues ou froissées, on les redresse aisément en les plongeant dans l'eau chaude ; mais si la rupture est complète, il convient alors d'enter une plume analogue à celle qu'il s'agit de remplacer. Il sera donc bon de conserver et de mettre en réserve les ailes ou queues des oiseaux que vous aurez perdus de maladie. Pour enter une plume, retroussez-en les barbes de bas en haut, coupez d'une façon bien nette, et tout près de la brisure, la plume cassée, rabattez-en les barbes de haut en bas et ajustez sur le tronçon qui reste une partie de la plume s'y adaptant exactement. Prenez une aiguille à enter ; trempez-la dans du vinaigre pendant une demi-heure ; abattez votre oiseau, faites-le tenir par un aide, enfilez dans la partie à enter la moitié de l'aiguille triangulaire et emmanchez adroitement l'autre moitié dans la plume cassée. Si l'opération est bien conduite la plume ainsi réparée sera aussi solide que si aucun accident ne lui était arrivé.

CONSEILS GÉNÉRAUX

1° INSTRUMENTS

Les entraves : Les entraves doivent être taillées dans une peau de chien d'une épaisseur variant avec la force de l'oiseau auquel elles sont destinées.

Elles devront être graissées de temps en temps pour rester souples.

Les chaperons : Les chaperons devront être bien ajustés à la tête du faucon; trop grands, ils lui permettraient de voir par l'ouverture antérieure, et, trop serrés, ils risqueraient de blesser l'oiseau.

Les tourets : Les tourets devront jouer librement sur leur rivet être huilés et rodés s'ils sont un peu durs.

Les blocs, bassins, perches et toiles devront être entretenus en bon état de propreté et le perchoir sera soigneusement sablé. Les cures qu'on y trouvera le matin seront examinées et jetées.

Les sonnettes : elles devront être visitées après la chasse, de façon à ce qu'il ne reste, à l'intérieur, aucun corps étranger qui puisse nuire à leur sonorité.

2° NOURRITURE

Règle essentielle : comme c'est la faim seule qui fait obéir les oiseaux de chasse, il faut toujours qu'ils soient en appétit lors que vous voudrez les faire chasser : s'ils sont indépendants, c'est qu'ils sont trop nourris, abaissez-les ; s'ils volent mollement et ne montrent pas assez d'ardeur, c'est qu'ils sont faibles, remontez-les. N'oubliez jamais que la première des qualités d'un faucon-

Équipage du docteur Arbel, à Vadancourt (Aisne).

nier est de maintenir ses oiseaux en bon état d'embonpoint, et que c'est à ce but que doivent tendre tous ses efforts. Les oiseaux ne se nourrissent pas tous de la même quantité d'aliments ; une observation intelligente nous fera facilement discerner la quantité de nourriture qui convient à chaque individu.

La viande donnée aux oiseaux devra toujours être de bonne qualité et dépourvue de graisse et de nerfs ; elle sera variée et pourra se composer de bœuf, mouton, cheval, pigeons, poulets, rats, souris ou oiseaux tels que pie, geai, corbeau, etc., etc.

Il sera bon de laisser avaler un peu de plumes ou de peau garnie de poils avec la nourriture, et de donner de temps en temps à l'oiseau un tiroir sec pour qu'il s'y aiguise le bec.

Si l'on veut affamer un oiseau plus que d'habitude, en lui laissant absorber le même volume de viande, on coupera son pât en petits morceaux que l'on trempera dans une tasse remplie d'eau, froide en été et tiède en hiver ; après l'y avoir laissé séjourner pendant quelque temps, on pressera fortement la viande dans la main pour en exprimer le jus ; il faudra même, dans ce cas, changer l'eau cinq ou six fois ; le lendemain, l'oiseau sera en bon appétit.

Ne jamais donner gorge sur gorge. Si la digestion était commencée, gardez-vous de donner à l'oiseau des aliments supplémentaires.

Après chaque prise, l'on pourra donner une beccade au faucon, mais ce n'est qu'à la fin de la séance qu'il pourra être pû comme à l'ordinaire, c'est-à-dire d'une bonne gorge. Le lendemain sera jour de demi-gorge et de repos et ainsi de suite. Au bout d'un certain temps, on pourra exiger d'un faucon dont on est sûr un service journalier, mais il sera utile de le rationner de temps en temps en le laissant au repos ce jour-là ; il n'en volera que mieux le lendemain. Rendez-vous souvent compte de l'embonpoint de vos oiseaux, le sternum doit être légèrement saillant et la poitrine assez pleine et ferme. Les émeuts seront examinés chaque jour, ils devront être blancs avec des parties noires ; s'ils sont verdâtres et d'un mauvais aspect, soignez l'oiseau et purgez-le ; donnez-lui ensuite pendant un jour ou deux des viandes légères : bœuf lavé comme il a été dit plus haut, ou lapin. Pour purger l'oiseau, un ou deux grains d'aloès ou un peu de rhubarbe dans une cure. Le pât trempé dans de l'eau sucrée est également très rafraîchissant ; souvent aussi, un oiseau sera remis en bon état de santé en lui donnant un jeune pigeon fraîchement tué et tout chaud.

3° EXERCICE ET CHASSE

Jetez toujours un oiseau vent debout. Donnez-lui, en chasse, le plus d'avantages possibles sur son gibier, au début surtout, pour ne pas le décourager par un insuccès. L'oiseau étant à terre, abordez-le par-devant, sans cris ni grands gestes. Évitez, au début des exercices, les curieux et les chiens. Vous pourrez considérer votre élève comme tout à fait dressé si, en vous en approchant lorsqu'il sera sur le leurre, vous pouvez passer au-dessus de lui les jambes écartées sans qu'il manifeste la moindre frayeur. Ne le nourrissez qu'à la fin de la chasse, et lorsque vous lui donnez une beccade sur sa prise *ayez grand soin de ne lui laisser avaler ni plumes ni poils*, s'il doit fournir un nouveau vol.

Surveillez son plumage ; si les pennes sont froissées, trempez-les, une fois rentré au logis, dans un pot d'eau très chaude ; si elles sont rompues, entez-les ; pour cela, conservez toujours précieusement les ailes et la queue des faucons qui seront morts chez vous, ou encore, toutes les plumes que vous ramasserez dans la « mue ».

Ne rentrez jamais au perchoir un faucon mouillé par la pluie, mais séchez-le au préalable devant le feu ou dans une chambre chaude, si vous voulez éviter qu'il ne tombe malade.

Ne chassez pas par la pluie ni par un vent violent. N'oubliez jamais vos chaperons dehors, car si l'humidité faisait gonfler les tirettes, vous ne pourriez plus les manœuvrer. En chasse, ayez toujours un chaperon de rechange.

En cas de perte du leurre (toujours chose grave) servez-vous, d'un mouchoir dans lequel vous nouerez une pierre et jetez-le pour réclamer l'oiseau, mais alors, hâtez-vous de le reprendre ! N'ayez pas trop d'oiseaux : 2 ou 3 sont bien suffisants, à moins que vous n'ayez un aide.

Le meilleur leurre pour un faucon niais est un pigeon mort, et pour un faucon de passage un pigeon vivant[1].

Nous terminerons par un avis très essentiel ; c'est de toujours laisser les oiseaux au bloc et déchaperonnés, et cela pendant quelque temps, avant de les faire chasser. Autrement, vos oiseaux voleraient mal ; c'est ce que nous appelons jardiner, et ce que les Anglais appellent « Weathering ». Bien entendu, on les chaperonne avant de partir.

Avant de voyager, examinez bien vos paniers ; qu'ils soient en bon état et qu'ils ferment bien ; si vous voyagez en chemin de fer, recommandez vos oiseaux au chef de train pour que les paniers ne soient pas bousculés.

N'oubliez pas d'emporter un bloc par oiseau. Une fois arrivé à destination et si vous devez y passer la nuit, préparez dans une écurie, grange ou remise une perche munie d'une toile, et suffisamment grande pour que les oiseaux ne soient pas trop serrés les uns contre les autres : Si la chambre est tout à fait obscure vous pourrez déchaperonner les oiseaux ; dans le cas contraire, ils dormiront chaperonnés, si toutefois ils n'ont pas de pelote à rendre.

On voit par tous ces détails les mille et un soins à donner aux oiseaux ; il faut prévoir, deviner, ne rien omettre, c'est à cette sollicitude et à ces soins constants et minutieux que se reconnaîtra toujours un bon fauconnier.

---

[1] Il ne s'ensuit pas qu'on doive toujours employer un leurre vivant, un leurre ordinaire doit suffire généralement.

QUELQUES MOTS

SUR

L'ORIGINE DE LA FAUCONNERIE

ET SUR SON ORGANISATION AUX SIÈCLES DERNIERS

D'après un avis unanime, la fauconnerie est originaire de l'Asie. Les Japonais, les Chinois, les Indiens et les Perses la pratiquaient plusieurs siècles déjà avant notre ère. Les Grecs n'en eurent que quelques notions, mais les Germains et les Gaulois s'y adonnèrent avec ardeur. L'art ingénieux de dresser les oiseaux de chasse fit pendant tout le moyen âge les délices de l'Europe entière.

Philippe-Auguste, Richard Cœur de Lion, saint Louis, Charles V, Charles VI et tous nos rois de France jusqu'à Louis XIII eurent un goût très vif pour la volerie. Les monarques qui succédèrent à ce dernier prince ne semblent pas avoir eu le même penchant; seul, leur amour du faste leur fit conserver les somptueux équipages qui devaient assurément, tant par la quantité des oiseaux que par le luxe des nombreux officiers attachés aux différents vols, donner un éclat incomparable à toutes les grandes cérémonies royales.

Il nous a semblé bon de reproduire ici la composition de deux fauconneries de nos rois de France à cent ans de distance ; celle de Louis XIV en 1680, et celle de Louis XVI en 1780. On remarquera, à la suite de ce parallèle, l'état réduit des vols du cabinet du roi en 1788[1]. C'est que l'ère des réformes avait sonné ; Louis XVI

---

[1] Outre les équipages de la Grande Fauconnerie qui relevaient de la Trésorerie du Royaume, les rois de France possédaient un équipage particulier payé « sur les menus de la chambre du Roy. » Qu'on appelait « les oiseaux du Cabinet ».

avait supprimé l'année précédente les équipages de la grand Fauconnerie pour n'en conserver que les oiseaux de son cabinet. C'était la fin !

La dernière exhibition des oiseaux de la fauconnerie royale eut lieu à Versailles le 4 mai 1789. Ce jour-là, en effet, les officiers

Fauconniers Marocains.

qui avaient la charge des différents vols figurèrent avec l'oiseau sur le poing dans la grande procession qui précéda l'ouverture des États généraux.

Le lecteur apprendra sans doute avec étonnement que malgré les événements politiques qui se déroulèrent avec la rapidité que l'on sait, les équipages royaux ne furent définitivement congédiés qu'en 1792.

La vieille et célèbre fauconnerie française avait vécu !

ÉTAT DE LA FAUCONNERIE ROYALE

Sous le règne de Louis XIV (1680)

LE GRAND FAUCONNIER DE FRANCE

Par la démission de M. Nicolas Dauvet, Comte des Marets, Baron de Bourseau, de Trélon, de Rupéreux, Vitry-le-Croisé, Arguilly, Bellon, Petit-Nogent, Berneuil, Francourt, conseiller du Roy en ses conseils, gouverneur de la ville de Beauvais et lieutenant de Sa Majesté en Beauvaisis, le grand fauconnier de France est, à présent, M. le comte des Marets son fils, Alexis-François Dauvet, qui a épousé Mlle de Villemor.

Il a de gages ordinaires 1 200 livres : pour son état et appointement, 3 000 livres ; pour ses gages comme chef d'un vol pour corneille et pour l'entretien de ce vol, 5 224 livres ; pour l'entretien de quatre pages, 4 000 livres ; pour la fourniture de gibecières, leurres, gants, chaperons, sonnettes, vervelles, 3 000 livres, et pour l'achat des oiseaux, 6 000 livres.

Le *grand fauconnier* prête serment de fidélité entre les mains du Roi ; il nomme à toutes les charges de chefs de vol, vacantes par mort, à la réserve de celles des chefs des oiseaux de la chambre du Roi, et des oiseaux du Cabinet de Sa Majesté. Le grand fauconnier nomme aux charges des chefs du vol qui sont employés dans l'État de la grande fauconnerie, et le Roi donne les provisions, comme aussi aux gardes des aires des forêts de Compiègne, de l'Aiguë, du Val Drogon et Grand Trempo, de la forêt de Lions, d'Andennes, de Perseigne, Descouves et autres forêts. C'est le grand fauconnier qui commet telles personnes que bon lui semble, pour prendre les oiseaux de proie en tous lieux, plaines et buissons du Domaine de Sa Majesté.

Tous les marchands fauconniers français ou étrangers sont obligés, à peine de confiscation de leurs oiseaux, de les venir présenter au grand fauconnier, afin qu'il puisse choisir et retenir ceux qui sont nécessaires pour les plaisirs du Roi et qu'il leur donne la permission de les vendre.

Tous les ans, le grand maître de Malte envoie douze oiseaux au Roi de France par un chevalier de Malte qui est Français, et ce chevalier, outre les frais de son voyage à la Cour de France, que le grand maître lui fait payer, a encore mille écus de présent de la part du Roi.

Le Roi de Danemark et le Prince de Courlande envoient aussi tous les ans au Roi des gerfauts et autres oiseaux de proie.

Si le Roi étant à la chasse veut avoir le plaisir de jeter lui-même un oiseau, les chefs, pourvus par le grand fauconnier, présentent l'oiseau au grand fauconnier, qui le met ensuite sur le poing de Sa Majesté ; comme aussi quand la proie est prise, le piqueur en donne la tête à son chef, et le chef au grand fauconnier, qui la présente de même au Roi.

ÉTAT DES VOLS

DE LA GRANDE FAUCONNERIE DU ROY 1680 (LOUIS XIV)

Deux vols pour milan : Le chef : M. le comte d'Argigny, Jacques de Camus, qui a, tant pour lui que pour les gages de tous les officiers nécessaires à ces deux vols, et pour l'entretien des oiseaux, 7 614 l. 10 s.

Un vol pour héron : Le chef : M. Francois Forget, vicomte de Bruillevert. Pour lui et ses officiers 6177 l. 15 s. Il est aussi capitaine des Aires de Bourgogne et de Bresse.

Un vol pour corneille : Pour lui, 5 224 l. 10 s., sans compter les gages des gentilshommes servants de la Fauconnerie et les piqueurs de ce vol.

Autre vol pour corneille : Le chef : M. Jean de Dreux, sieur de Preuilly. Pour lui et pour les officiers, 5 121 l. 5 s.

Un vol pour les champs : Le chef : Pierre de Hillerin, sieur de Buc. Pour lui et pour les oiseaux, 4 271 l. 5 s.

Un vol pour rivière : Le chef : M. le marquis Neuville Jean-Baptiste Vallot. Pour lui et pour les officiers, 2 415 l. 16 s.

Un vol pour pie : Le chef : M***. Pour lui et les officiers, 1 314 l. 5 s.

OISEAUX DU CABINET DU ROY (1680)
SOUS LA CHARGE DU GRAND FAUCONNIER DE FRANCE

Quatre vols pour corneille, pie, champs et émerillons desquels le chef est M. Claude Forget, Baron de Bruillevert.

Le vol pour corneille : Le chef a tant pour lui que pour le lieutenant et les oiseaux de ce vol et pour la nourriture desdits oiseaux 4 016 l. 15 sols.

Le vol pour pie : Le chef a tant pour lui que pour le lieutenant et autres officiers de ce vol et pour la nourriture d'oiseaux, 2 797 l. 15 s.

Le vol pour champs : Le chef a tant pour lui que pour le lieutenant et autres officiers de ce vol et pour la nourriture des chiens et oiseaux, 3 811 l. 15 s.

Le vol pour émerillons : Le chef a tant pour lui que pour le lieutenant et autres officiers de ce vol et pour la nourriture des oiseaux, 2 497 l. 15 s.

Somme totale de la dépense des oiseaux du Cabinet 13 124 l. non compris l'achat et l'entretien des oiseaux, les poules et autres deniers payés sur les menus de la chambre du Roy.

OFFICIERS DE LA GRANDE FAUCONNERIE

Après le grand fauconnier et les chefs des différents vols que nous venons de nommer il y a encore un secrétaire de la Fauconnerie, 400 l.

Un maréchal des logis, le sieur Hennequin, 400 l.

Il va ordinairement prendre les ordres du Roy, quand Sa Majesté va à la chasse.

Deux fourriers : Le sieur N*** a 400 l., et le sieur Verneuil, 300 l. ;

Un chirurgien, 300 l ;

Un apothicaire, 300 l ;

Tous les officiers ci-dessus jouissent des mêmes privilèges que les commensaux de Sa Majesté.

Fauconnier sous Louis XV.

ÉTAT DE LA FAUCONNERIE ROYALE

SOUS LE RÈGNE DE LOUIS XVI, 1780

GRANDE FAUCONNERIE

Grand fauconnier de France.

M. le duc de la Vallière.

M. le marquis d'Entragues en survivance.

Gentilshommes de la grande fauconnerie, M. Cadot ;
M. Goubladot.

Premier vol pour milan.

M. Hubert de Corcy, capitaine-chef.

M. Cochet des Chanais, lieutenant-aide.

Un maître-fauconnier ; un porte-duc ; cinq piqueurs.

Second vol pour milan.

M. Hubert de Corcy, capitaine-chef.

M. de Meuville, lieutenant-aide.

Un maître-fauconnier ; un porte-duc ; cinq piqueurs.

Vol pour héron.

M. Clerguet de Loisey, capitaine-chef.

M. de Baurepaire, lieutenant-aide.

Deux maîtres-fauconniers ; huit piqueurs.

Premier vol pour corneille.

M. le duc de la Vallière, capitaine-chef.

M. Honoré Borely, lieutenant-aide.
Un maître-fauconnier.

Second vol pour corneille.

M. de Mandoux de Bois-le-Roi, capitaine-chef.
M. de Paul, lieutenant-aide.
Un porte-duc et sept piqueurs.

Vol pour champ.

M. Gaucherel, capitaine-chef.
M. son fils en survivance.
Un maître-fauconnier et deux piqueurs.

Vol pour rivière.

M. Gaucherel, capitaine-chef.
M. son fils en survivance.
M. Chevillard, lieutenant-aide.

Vol pour pie.

M. Gaucherel, capitaine-chef.
M. son fils en survivance.

Vol pour lièvre.

M. Gaucherel, capitaine-chef.
M. son fils en survivance.

Autres officiers.

Secrétaire général de la grande fauconnerie, M. Gouilliard.
Maréchal des logis, M. de la Roque.
Fourriers, MM. Marteau; Blondel de Jouvencourt.

FAUCONNERIE DU CABINET DU ROI, 1780

Capitaine général, M. le marquis de Forget.
M. le chevalier de Forget son fils en survivance.

Vol pour corneille.

M. Paillard de Clermont, lieutenant.
Piqueurs : les sieurs Noel, faisant le service de maître-
fauconnier; Borely, Dumont, Jacquemin,
Le Bret, De Mars, De la Salle, Perron,
faisant le service de porte-duc.

Vol pour pie.

M. le comte de Forget, lieutenant.
M. Vieilbans de Varanne, maître-fauconnier.
Piqueurs : Le Marchand, Cornoedus, De la Groue.

Vol pour champs.

M. Forget de Bezu, lieutenant.
M. Louvet, maître-fauconnier.
Piqueurs : les sieurs Besongue, Carayon.

Vol pour émerillons.

M. Varnier, lieutenant.
M. Nauleau, maître-fauconnier.
Piqueurs : les sieurs Bonneau, Drouin.

Vol pour lièvre.

M. Joli, maître-fauconnier.
Secrétaire de la fauconnerie du cabinet, M. Corvée.

LA FAUCONNERIE DU CABINET DU ROI, 1788

Commandant général et capitaine de chacun des vols
M. le chevalier de Forget.

Vol pour corneille.

M. Paillard de Clermont, lieutenant.
M. Barthellon, maître-fauconnier.
Piqueurs : les sieurs Borely, Dumont, Jacquemin, Meu-
        nier, Franqueville de Chantemelle, De Mars,
        Perron, porte-duc.

Vol pour pie.

M. Maillat, lieutenant-aide.
M. Vieilbans de Varanne, maître-fauconnier.
Piqueurs : les sieurs Le Marchand, De La Groue, de
        Pau.

Vol pour champs.

M. le vicomte de Forget, lieutenant-aide.
M. Chayron, maître-fauconnier.
Piqueurs : les sieurs Carayon et Bonus.

Vol pour émerillons.

M. Warnier, lieutenant.
M. Bonus, maître-fauconnier.
Piqueurs : les sieurs Bonneau et Blanc.

Vol pour lièvre.

M. Chauvel, maître-fauconnier.
Secrétaire de la fauconnerie du Cabinet, M. Isnard.

TENTATIVES DE RELÈVEMENT

DE

LA FAUCONNERIE EN FRANCE

Avant de citer les rares fauconniers actuels dont il sera parlé plus loin, et dont les efforts individuels ne sauraient, à notre avis, produire un mouvement assez considérable pour faire revivre notre sport favori, nous devons dire quelques mots d'une tentative véritablement sérieuse, faite par plusieurs de nos concitoyens il y a une quarantaine d'années; nous voulons parler de l'équipage des fauconniers de Champagne.

En 1865, M. Pierre-Amédée Pichot, après s'être assuré les services d'un célèbre fauconnier anglais nommé John Barr, sut grouper autour de lui plusieurs sportmen distingués : MM. le comte Lecouteulx de Canteleu, Georges de Grandmaison, le comte Alfred Werlé de Reims, le baron d'Aubilly, le comte de Champeaux-Verneuil, le comte de Montebello, Julio Alfonso de Aldana et fonda le « Club de fauconnerie de Champagne ». Après avoir reçu l'hospitalité de M. de Grandmaison au château des Souches, en Sologne, les oiseaux firent leurs débuts dans les plaines du camp de Châlons où pendant plusieurs saisons et devant une assistance des plus brillantes, eurent lieu de forts jolis vols sur la corneille, la pie et l'outarde. La présence au camp des troupes impériales donnait à ces réunions un éclat tout particulier. Les oiseaux, au nombre d'une vingtaine et admirablement

dressés, fournirent chaque année des vols superbes et les prises
furent nombreuses ; plusieurs centaines de personnes étaient
souvent présentes au rendez-vous. La guerre vint hélas inter-
rompre ces réunions sportives si intéressantes, et le club de
fauconnerie de Champagne fut dissous !

Pourtant cet essai ne devait pas être stérile, car il réveilla des
goûts endormis : depuis cette époque en effet, M. P.-A. Pichot,
dont la sollicitude pour tout ce qui a trait à la fauconnerie est
extrême, n'a pas ménagé à tous les amateurs qui sont venus le
consulter les avis et les conseils ; sachant les grouper dans des
réunions intimes et charmantes, il a eu le talent d'entretenir en
eux le feu sacré et il est certain que si la fauconnerie moderne a
encore quelques adeptes, c'est à son influence et à sa persuasion
qu'elle le doit.

Nous ne pouvons passer sous silence une autre tentative faite
précédemment par un de nos compatriotes, M. le baron d'Offémont, qui, en 1838, fit venir un des meilleurs fauconniers du club
de Bidlington pour voler la corneille aux environs de Compiègne.
Cette même année le baron d'Offémont se réunit à l'Honorable
Wortley Stuart, au duc de Leeds et à M. Newcome, célèbre
amateur anglais, pour fonder au Loo, en Hollande, un club de
fauconnerie. En 1840 cette société, présidée par le baron Tindal,
était montée sur un très grand pied ; le roi Guillaume III ayant
mis à sa disposition toute une installation pour les membres du
club et le logement des hommes et des oiseaux. Le nombre des
faucons était de 20 à 40 et les prises annuelles de hérons pour
lesquels les oiseaux étaient affaités étaient de 150 à 200. Durant
plusieurs années, les sportmen les plus célèbres de France et
d'Angleterre se réunirent au Loo pendant la saison des chasses.
La famille royale elle-même assista souvent à des vols splendides
qui justifièrent pleinement la vieille réputation des fauconniers
hollandais. Le club fut dissous en 1852 ; il avait duré quatorze ans.

FAUCONNIERS MODERNES

Parmi les fauconniers modernes qui ont pratiqué ou qui pratiquent encore le noble passe-temps de la volerie, il faut citer MM. Pierre-Amédée Pichot dont nous venons de parler et que son autorité désignait tout naturellement à la dédicace du présent ouvrage; M. Paul Gervais, fauconnier des plus experts, qui fut notre initiateur il y a quelque vingt ans! M. Paul Gervais qui dans d'autres circonstances et à une autre époque eût été un second de Luynes, a possédé toutes espèces d'oiseaux et a su les dresser aussi bien que l'eût fait le meilleur des maîtres fauconniers de Louis XIII. C'est lui qui a possédé le Berkout qui est représenté en tête de ce traité : cet oiseau rapporté d'Asie par deux explorateurs, MM. Benoît-Maichin et de Mailly-Nesles, et que nous avons pu photographier à son arrivée à Paris en 1884, fit partie de l'équipage de Rosoy (par Açy en Multien), résidence de M. Paul Gervais. C'est là que nous avons vu cet aigle empiéter et réduire à l'impuissance un vigoureux renard d'escap qui lui avait été lâché sur une des pelouses du château. Cet animal fut tué par le Berkout aussi facilement que pourrait l'être un jeune lapereau empiété par un autour. Non content de dresser toutes espèces d'oiseaux M. Gervais ne voulut les devoir qu'à lui-même. Dans ce but il construisit une hutte hollandaise qui lui sert encore à capturer chaque année en novembre les faucons de passage qui descendent vers le Sud. C'est en sa compagnie qu'un certain jour nous avons été assez heureux pour piéger, une demi-heure après notre arrivée à la hutte, un magnifique faucon qui devint un oiseau de premier ordre.

Nous citerons ensuite MM. Edmond Barrachin et son fils Pierre Barrachin, dont l'équipage aussi nombreux que varié se trouve à Beauchamp (Seine-et-Oise).

En plus de faucons et d'autours, M. Barrachin possède deux magnifiques aigles Bonnelli dont un spécimen est représenté plus haut.

M. le docteur Arbel qui est propriétaire à Vadancourt près de Saint-Quentin d'un fort bel équipage de faucons et d'autours. Le Shahin dont l'image est reproduite dans ce livre a été rapporté par lui d'un voyage aux Indes l'année dernière. Avec M. Paul Gervais, M. le docteur Arbel est un des amateurs qui auront fait le plus d'efforts pour faire revivre la fauconnerie en France.

M. Lefèvre, à la Faisanderie près St-Cyr, qui fut un amateur très distingué.

M. Georges Foye à Cheptainville (S.-et-O.) qui a possédé de forts bons autours et d'excellents hobereaux.

M. C. Cerfon, lieutenant de Louveterie à Elbeuf, qui connaît mieux que personne les mœurs des autours et des faucons pèlerins pour les avoir étudiés à l'état de nature en observateur érudit, et qui est un fanatique de notre sport.

M. le Comte Le Coulteux de Canteleu, à Étrépagny (Eure) qui fut membre du club de Fauconnerie de Champagne.

M. le Comte de Toulouse Lautrec, à Albi (Tarn) grand amateur d'oiseaux.

M. d'Ax d'Avraincourt, près Castres (Tarn).

M. Louis Noël, à Imbermais (Eure), fervent amateur.

MM. G. Sourbets et C. de Saint-Marc, à Mont-de-Marsan (Landes) qui ont pratiqué non seulement la fauconnerie mais aussi la pêche au cormoran.

M. le Comte d'Éprémesnil qui a possédé un très bon équipage conduit par Mollen, le frère de l'ancien fauconnier du roi de Hollande, Adrien Mollen, le même qui dirigea l'équipage du Loo.

Honneur à eux ! Ils ont connu ou connaissent encore des joies sportives peu banales que nous voudrions voir partager par un plus grand nombre de nos compatriotes ! Puisse la lecture de ce traité leur valoir de nombreux imitateurs !

TRAITÉ D'AUTOURSERIE

TRAITÉ D'AUTOURSERIE

NOTES SUR L'AUTOUR ET L'ÉPERVIER

La structure anatomique des oiseaux de proie les a fait diviser, au point de vue du vol, ainsi qu'on a pu le voir dans le traité qui précède, en deux classes bien distinctes : les rameurs et les voiliers.

Les premiers possèdent des ailes allongées, pointues, munies de pennes fermes, serrées les unes contre les autres, ne laissant entre elles aucun espace vide et destinées à battre l'air d'un mouvement vigoureux et répété. Tous les faucons (oiseaux de haut vol) sont des rameurs.

Les voiliers, au contraire, ont des ailes plus larges, plus molles ; leurs pennes sont échancrées, moins rapprochées les unes des autres, leurs mouvements sont plus lents, et bien qu'au départ elles servent à la façon des ailes rameuses, elles en imitent trop faiblement et pendant trop peu de temps les battements énergiques pour qu'on ne les compare pas plus volontiers à des voiles dont elles feraient l'office. L'autour et l'épervier (oiseaux de bas vol) sont des voiliers.

Trois signes auxquels on ne saurait se tromper distinguent, du reste, ces deux catégories d'oiseaux ; les rameurs ont tous les yeux noirs, le bec dentelé à la pointe et la seconde plume de l'aile plus longue que les autres, tandis que, chez les voiliers, le bec est sans dentelure, l'œil est clair, et la quatrième plume de l'aile est la plus longue de toutes.

Nos deux oiseaux de basse volerie ont, de plus, sur les autres voiliers de proie, tels que l'aigle, le milan, la buse, etc., un avantage énorme qui leur a fait donner le qualificatif de *voiliers saillants*. Ce nom leur vient de la faculté merveilleuse qu'ils possèdent de s'élancer, par une espèce de saut ou de détente qui leur est particulière, et de pouvoir ainsi, au moment de leur départ, acquérir une vitesse vraiment surprenante dont les voiliers ordinaires sont tout à fait incapables. A part l'aigle dont on se sert dans certaines parties de l'Asie, les voiliers communs ne sont pas employés en fauconnerie et sont dits « ignobles » ; moins bien doués par la nature au point de vue du vol ils sont aussi moins bien armés que les voiliers saillants. (Voir au traité précédent l'article relatif à ces deux genres de voiliers).

DE L'AUTOUR

L'autour (*Falco palumbarius* de Linné) est un des oiseaux les plus forts dont on se serve pour la chasse. La femelle mesure de 60 à 65 centimètres et le mâle de 45 à 50. Les caractères généraux de ce bel oiseau sont : des ailes courtes, des cuisses hautes, des jambes longues et nerveuses, des tarses robustes, des doigts déliés et vigoureux. Ceux-ci, mus par des leviers puissants, ont une force de contraction extraordinaire.

Le diagnose varie considérablement de la première à la seconde année. Les oiseaux sors ont la cire du bec verdâtre et les pieds jaunes ; l'iris, tout d'abord d'un gris sale, devient jaune clair à l'âge de deux mois ; la tête, le cou, le ventre sont d'une couleur de rouille plus ou moins accentuée et tachetés verticalement de larmes noirâtres. Le manteau est brun, et chaque plume en est légèrement frangée de roux. Le balai est d'un gris brun coupé de larges bandes foncées, et le bout des pennes est bordé de blanc.

Tiercelet d'autour sors à la perche.

Autour sors au poing.

Après la première mue, une transformation complète s'opère ;
le manteau prend une teinte plus sombre avec des tons bleuâtres ;
le cou, le ventre passent du roux au gris blanc, et des taches verticales font place à des stries horizontales noires ; la cire verdit,
les pieds passent au jaune clair, l'iris devient orange et un large
sourcil blanc, piqueté de points bruns, apparaît au-dessus des
yeux. L'oiseau est dès lors revêtu de sa livrée définitive qui ne
variera plus, dans les années suivantes, que par la blancheur de
la poitrine et la minceur des stries transversales.

Le tiercelet ne se distingue guère de l'autour que par la taille ;
son plumage à l'état sors est le même, il ne diffère à l'état adulte
de celui de la femelle que par les raies de la poitrine plus minces
et plus serrées, par le blanc plus éclatant du bas-ventre.

L'autour est assez commun en France. Il habite principalement
les grandes forêts où il niche sur les arbres les plus élevés, chênes,
hêtres ou sapins. Doué d'une ouïe très fine il se laisse rarement
surprendre et fuit, en rasant le sol, l'approche du chasseur qu'il
entend de loin. On le trouve quelquefois aux abords des mares, où
il se pose *à son avantage* sur quelque branche élevée pour saisir
le gibier qui vient se désaltérer.

L'aire de ces oiseaux est énorme ; elle mesure environ un mètre
de diamètre ; elle est faite de branches et menus bois. La ponte
est de trois ou quatre œufs ; ils sont bleu clair, parsemés de quelques points bruns et de la dimension d'un gros œuf de poule,
mais plus ronds. La période d'incubation est de trois semaines et
commence généralement en mai.

Les autours des contrées septentrionales émigrent l'hiver. Le
vieux A. Mollen, l'ancien fauconnier du roi de Hollande, en prenait
souvent à la hutte, en novembre et en décembre, à Valkenswaard,
village qu'il habitait près de Bois-le-Duc. Ses fils, adroits piégeurs,
continuent encore les vieilles traditions paternelles ; nous nous
souvenons avoir vu chez leur père en 1885 une perche de 18 faucons, 3 autours et 4 émerillons récemment piégés. Nos oiseaux
du nord de la France descendent également vers le midi, mais il

en reste néanmoins qui se cantonnent dans nos grandes forêts. Le tiercelet reste toujours dans les parages de sa femelle et couve les œufs si celle-ci vient à être tuée.

L'autour revient faire sa ponte, sinon dans le même nid, du moins dans les mêmes parages que l'année précédente et en fait volontiers deux, si la première a été détruite.

Bien que les indications que nous avons données plus haut sur le pennage de l'autour soient généralement exactes, il va sans dire qu'il se rencontre des individus chez lesquels les nuances sont plus ou moins accusées ; ainsi l'on voit des autours relativement blonds ; d'autres sont plus roux, d'autres encore plus foncés qui sont dits enfumés.

Quoique l'expérience nous ait montré que les blonds étaient d'une nature plus douce et, partant, d'un dressage plus facile, nous estimons qu'il ne faudrait pas, dans le choix d'un oiseau, s'arrêter à ce détail de couleur. Les qualités qu'il faudra rechercher avant tout sont : une tête petite, un corps allongé, des doigts déliés et forts, des jambes longues et bien écartées. Un tel oiseau est dit *esclam*, par opposition à *goussaut*, qui se dira d'un oiseau trop court, trop large des épaules, mal proportionné.

L'autour vole le poil et la plume ; on l'emploie avec succès sur le lièvre, le lapin, la perdrix, le faisan, le canard. Dans un pays giboyeux et avec un oiseau bien entraîné, on peut facilement faire en quelques heures une chasse très fructueuse. Nous l'avons expérimenté souvent dans les dunes de Neufchâtel (Pas-de-Calais), où nous avons fait des prises nombreuses. Pour citer un exemple de ce qu'on peut faire avec des oiseaux bien mis, nous dirons qu'au mois de novembre 1885, à Cheptainville (Seine-et-Oise), chez notre ami et confrère en fauconnerie, M. Georges Foye, nous avons pris, en moins de deux heures de temps, avec une femelle d'autour et un tiercelet, quatorze lapins, une pie et un lièvre de sept livres. Si nous mentionnons ce fait, c'est pour montrer à ceux qui nous font l'honneur de nous lire les résultats qu'on peut obtenir avec de bons oiseaux, et pour les engager à nous suivre

Autour mué, au bloc.

jusqu'au bout, s'ils veulent que nous leur donnions le moyen de pouvoir en faire eux-mêmes l'expérience.

On peut chasser avec un autour pendant toute une journée et il n'y a de limite à ses prises que son degré de résistance ; c'est une affaire d'entraînement.

A une époque où le mot de record n'était pas comme aujourd'hui à l'ordre du jour et où l'on ne s'occupait pas plus de la chose que du mot (autrement nous eussions cherché à faire mieux) il nous est arrivé, dans les dunes de Berck-sur-Mer en 1886, de prendre dans notre journée avec un bon autour vingt et un lapins, et nous ne serions nullement surpris qu'on put en capturer une trentaine et même davantage. Pour cela il faut trois choses : un oiseau vigoureux admirablement entraîné, une garenne très vive en lapins et une équipe d'excellents furets.

DE L'ÉPERVIER

L'épervier (*Astus nisus* de Schlegel ou *Falco nisus* de Linné) est, pour ainsi dire, le diminutif de l'autour dont il a tous les caractères principaux. La taille de la femelle est d'environ quarante centimètres, celle du mâle de trente. Le bec est court, très recourbé ; la cire et l'iris jaune clair, quelquefois verdâtre, les doigts déliés, les ongles noirs très arqués et très pointus se repliant sur une sorte de petit coussinet formé par une membrane située en arrière. Le balai presque carré dépassant de beaucoup les ailes, est rayé de bandes noirâtres. L'oiseau sors a le manteau brun foncé, les grandes plumes des ailes noires en dessus, le dessous rayé comme le balai ; le ventre blanchâtre est parsemé de taches d'un roux foncé, en forme de cœur sur la gorge et les côtés du cou, et en stries transversales sur la poitrine, l'entre-deux et le dessus des jambes.

L'épervier mué a la poitrine plus blanche, les taches se régularisent en s'amincissant en travers ; le manteau prend une teinte grise ardoisée plus prononcée encore chez le mouchet ; l'iris, chez beaucoup d'individus, devient orange, et le sourcil, de roux qu'il était, devient blanc, strié comme chez l'autour de petits points bruns.

Disons en terminant que, de tous les oiseaux de chasse, l'épervier est celui chez qui les teintes du pennage offrent le plus de variété. Il est très commun en France, où il est sédentaire ; comme l'autour il niche dans les bois ; sa ponte est de trois à sept œufs d'un vert pâle et piquetés de points roux.

L'épervier ne vole que la plume. Ce charmant oiseau est d'une hardiesse incroyable ; on en a vu poursuivre leur proie jusque dans l'intérieur des maisons et se précipiter à travers la vitre d'une croisée pour saisir un oiseau en cage. Son départ est foudroyant, aussi est-il fort précieux pour voler le perdreau, la caille, la grive, le merle et, en somme, toute espèce d'oiseau d'une taille proportionnée à la sienne.

Le capitaine Salvin, auteur d'un ouvrage fort estimé sur la fauconnerie en Angleterre, cite l'exemple d'un épervier nommé *Tirefly*, qui, en 1861, prit cent vingt-six oiseaux en vingt-sept jours. Une autre femelle du nom de *Teddy*, citée par le même auteur, prit en 1857, du 23 août au 20 octobre, c'est-à-dire en deux mois, trois cent vingt-sept pièces consistant en merles, moineaux, perdrix, linots, etc. Ces chiffres suffiront, croyons-nous, pour montrer ce qu'on peut faire avec de bons oiseaux de basse volerie.

Certes le haut vol, ainsi qu'on l'a vu plus haut dans notre traité de fauconnerie, procure des émotions plus fortes, mais il nécessite des étendues de plaines que peu de personnes ont à leur disposition. Après les exemples que nous venons de citer, certaines personnes trouveront peut-être dans la pratique du bas vol, facile et peu coûteuse, un plaisir assez vif pour n'en pas désirer d'autres.

Épervier sors à la perche.

DE LA MANIÈRE DE SE PROCURER LES AUTOURS ET LES ÉPERVIERS

Il y a deux manières de se procurer ces oiseaux : les prendre
au nid ou les capturer, branchiers ou adultes, au moyen de filets.

DU DÉNICHAGE

Nous avons dit que la ponte des autours avait lieu généralement en mai et que la période d'incubation était de trois semaines.
C'est généralement au mois de juin, en effet que nous avons
pris nos oiseaux. Quelques-uns étaient encore en duvet, d'autres
avaient les plumes poussées à mi-longueur, d'autres enfin,
perchés sur le bord du nid, étaient prêts à le quitter bientôt.
Nous conseillerons, si l'on a le choix, de les prendre le plus
tard possible, par la raison que leur pairons, mieux que nous, leur
donneront la nourriture qui leur convient et que leur croissance
se fera ainsi d'une façon plus normale ; alors nous n'aurons pas
l'embarras de choisir, pour ces jeunes sujets encore délicats, les
mille et une douceurs dont ils sont comblés : souris, mulots,
reptiles, petits oiseaux, animaux qu'il sera toujours difficile de
nous procurer. Nous ne dénicherons donc nos oiseaux que lorsque nous les saurons suffisamment vigoureux, que leurs plumes
seront poussées au moins à mi-longueur et que, leur premier
duvet étant en partie tombé, ils commenceront à noircir.

Pour se renseigner sur ce point important, il sera indispensable lorsqu'on saura les petits au nid, d'y monter ou d'y faire
monter un homme agile ; la corde et les grappins seront dans ce
cas nécessaires, l'autour nichant sur les arbres les plus élevés,
hêtres, chênes ou sapins généralement fort gros. Le grimpeur,
portant en bandoulière un panier à couvercle, un grand panier de
pêche par exemple, fera son ascension, examinera attentivement

les oiseaux et fera d'en haut son rapport. Si les indications qu'il donne sont satisfaisantes, et si vous trouvez les petits bons à enlever, il les déposera délicatement dans le panier, fermera le couvercle et les descendra, un par un, au moyen d'une longue corde dont

Mouchet mué.

il aura eu soin de se munir. Dès que vous aurez reçu le panier, saisissez doucement l'oiseau par les deux pieds, ramenez-lui le bout des ailes contre les jambes et placez-le sur un mouchoir étendu par terre ; faites un nœud autour du cou, ramenez le bas du mouchoir sur la poitrine en le croisant, et faites avec les deux bouts qui se présentent un double nœud derrière les jambes du captif ; il est alors dans l'impossibilité absolue de se débattre, et vous pouvez le placer sans crainte dans un des compartiments de la hotte.

Cet appareil, que nous avons expérimenté en 1885, au moment du dénichage, est très commode et nous a donné d'excellents résultats. Il consiste en une boîte de quarante centimètres de large sur vingt centimètres de profondeur et quatre-vingts centimètres de hauteur ; cette boîte est faite d'une carcasse en bois très légère fermée de tous côtés par une toile, sauf par devant. Elle se compose de compartiments dans lesquels sont déposés les niais mis en linge ; en avant de chacun de ces compartiments est cousue verticalement une bande de toile de huit centimètres de hauteur environ formant rebord, et qui a pour but d'empêcher les oiseaux d'être projetés en dehors à la suite d'une secousse. A la partie postérieure de la hotte, deux planchettes, clouées en travers, reçoivent les bretelles destinées à supporter l'appareil.

Si, au lieu de la hotte, vous vouliez vous servir d'un grand panier, vous pourriez tout simplement, sans employer le linge bien entendu, y déposer plusieurs oiseaux ensemble. Si les niais sont jugés trop faibles et si vous êtes sûrs que l'aire ne sera pas visitée par quelque maraudeur et que la mère ne court aucun risque d'être dérangée dans son sacerdoce, n'hésitez pas; remet-

Nos 1 et 2. Niais en état d'être dénichés. Nᵘ 3. Niais en duvet, trop jeune
pour être enlevé de l'aire.

tez l'opération à un peu plus tard, vous n'aurez jamais à vous en repentir.

Diverses causes peuvent avancer ou retarder la ponte des oiseaux; ainsi il nous est arrivé de trouver, le 15 juin 1885, des oiseaux qui n'avaient pas quinze jours et d'autres qui, à l'approche du grimpeur, quittaient le nid, s'en allant de branche en branche et nous donnant pour les prendre un mal inouï. Si même ce jour-là nous pûmes nous emparer de ces quasi-branchiers, c'est que, n'ayant pas encore la force de s'élever, ils descendaient sensiblement à chaque vol qu'ils faisaient d'un arbre à un autre, et qu'à la suite d'ascensions répétées et souvent fort

pénibles, nous parvînmes à leur faire gagner le sol. Cette poursuite d'oiseaux partis au milieu du feuillage, dans des directions
différentes, dura fort longtemps, et nous fûmes même obligés de
remettre au lendemain matin, au petit jour, la recherche et la
prise d'un vigoureux tiercelet qu'à la nuit tombante nous avions
perdu de vue. Nous citons ce fait pour montrer toute l'importance qu'il y a à faire examiner le nid, au moins une fois, avant
d'enlever les oiseaux.

Nous ne pouvons penser à la saison du dénichage sans nous
rappeler un fait assez curieux pour être relaté ici : Au cours d'une
de nos excursions en forêt de La Londe, près d'Elbeuf, à la
recherche d'aires d'autour, en compagnie de notre ami C. Cerfon,
lieutenant de louveterie à cette époque, le garde de ce dernier
nous signale qu'une femelle d'autours dont il surveillait jalouse-
ment le nid « dans le treillage de Mare Lecomte », vient d'être
tuée par un de ses collègues : Or cette femelle couvait !... Et cette
année-là les aires étaient rares ; on ne connaissait dans les environs que deux nids de buses !... Voilà notre moisson compro-
mise ! Que faire ?... Tout à coup, quelle idée lumineuse ! Nous
imaginons d'enlever les œufs d'autour et de les faire couver par une
buse ! Aussitôt dit, aussitôt fait !... Le grimpeur qui nous accom-
pagnait toujours pour visiter l'état des nids chausse ses grappins,
monte à l'arbre, un hêtre énorme, descend délicatement dans
son panier et bien enveloppés les deux œufs qu'il trouve, et nous
allons, sans tarder, les substituer à ceux d'une buse dont le nid
se trouvait à deux kilomètres de là. (Pour préciser, à Mare Leclerc
située à 600 mètres de la gare de la Londe.) Un mois après
nous avions deux superbes femelles d'autour couvées et élevées
consciencieusement par leur mère d'adoption : ces deux oiseaux
que je baptisai des noms gracieux de Grille d'Égout et la Goulue
devinrent d'excellents chasseurs avec lesquels nous retournâmes
bientôt voler des lapins à l'endroit même où ils avaient été si
miraculeusement sauvés !

Quelques années plus tard, M. Cerfon sauvait dans des conditions à peu près identiques des œufs d'autour en danger d'être perdus.

Les éperviers construisent leur aire sur des arbres moins gros et à une moins grande hauteur que les autours ; ils se dénichent de la même manière et généralement en juillet, mais comme ils sont, plus que les autours, sujets à des accidents mortels [1] s'ils sont enlevés trop jeunes, la recommandation faite plus haut de visiter les nids sera pour eux d'une importance capitale.

Les branchiers sont ceux qui, ayant déjà quitté le nid, volent de branche en branche, conduits par leurs parents qui dirigent leurs premiers essais de vol comme leurs premières leçons de chasse. Ils sont d'un affaitage un peu plus long, mais, vigoureux et d'un plumage superbe, ils sont fort estimés. Vous pourrez vous en emparer dès qu'il auront quitté leur aire, en les poursuivant assez longtemps d'arbre en arbre, mais quelques jours plus tard ils ne pourront plus être pris qu'au filet.

DE LA PRISE AU FILET

Quand vous saurez un endroit fréquenté par des autours ou des éperviers, soit parce qu'on vous les aura signalés, soit parce que vous les aurez vus vous-mêmes poursuivre et empiéter une proie, choisissez un emplacement bien dégagé de ronces et de broussailles, enlevez du sol, sur une superficie de quelques mètres carrés, toute plante, racine ou pierre qui pourrait vous gêner et tendez-y votre filet.

. Le filet ou *airaigne*, comme on l'appelait autrefois, doit être de couleur verdâtre ou marron, d'environ deux mètres de hauteur et six mètres de long ; ses mailles doivent avoir de cinq à huit centimètres carrés. Prenez trois perches de deux mètres de haut et enfoncez-les dans le sol de façon qu'elles forment un

---

[1] Tétanos.

NOTA. — Voir la planche des filets au traité précédent.

triangle de deux mètres de côté ; pratiquez dans le haut desdites perches, du côté intérieur et à environ vingt-cinq centimètres du bout, une légère encoche et pincez-y une des mailles du filet qui pendra ainsi verticalement en traînant dans le bas sur le sol. Il va de soi qu'une légère secousse imprimée au filet de dehors en dedans le fera tomber et que l'oiseau qui viendra y donner sera pris comme dans une poche. Au milieu du triangle ainsi formé, placez un oiseau quelconque, un pigeon par exemple, auquel vous aurez mis des jets qui lui permettront de marcher aisément ; ces jets sont réunis à un touret tenu lui-même par une petite filière attachée à un piquet central.

L'emploi des jets est excellent dans ce sens que les tarses de l'oiseau se trouvent bien maintenus ; si pourtant l'on voulait se servir d'une simple filière, on façonnerait le nœud de la façon suivante. Prenez sur votre filière une longueur d'un mètre à partir de son extrémité ; pliez-la en quatre et nouez ; vous aurez alors le nœud figuré au n° 2 de la planche des filets. Formez alors deux demi-clefs croisées avec chacune des deux boucles obtenues et passez-y le pied de l'oiseau. (Voir dessins 3 et 4 de la même planche.) Ce nœud coulant a l'avantage de ne pas se défaire, et nous conseillons de toujours l'employer pour les exercices d'escap.

La longueur des entraves du pigeon sera calculée de façon qu'il ne puisse toucher le filet d'un battement de ses ailes. Vous dégagerez alors l'endroit où doit être placé le pigeon, et vous y éparpillerez un peu de grain, pour qu'il ait à se mouvoir le plus possible lorsqu'il cherchera sa nourriture.

C'est le matin, de bonne heure, que vous attacherez votre appât, et vous irez le relever le soir, pour qu'il ne devienne pas la proie des fouines chats et autres voleurs de nuit. Il va sans dire que vous exercerez dans la journée, mais du plus loin que vous pourrez, une surveillance très active, afin de pouvoir arriver dès qu'un oiseau sera venu se faire prendre. Vous le trouverez empêtré d'une façon si complète que vous vous estimerez heureux si, pour le dégager du filet sans le blesser, vous n'êtes pas obligé d'en couper quelques mailles.

On se sert encore, en Allemagne surtout, pour prendre les autours, d'une cage carrée en bois ou en osier dont l'ouverture, située à la partie supérieure, est plus large que le fond. Dans cette cage et en bas se trouve attaché un pigeon ou un poulet, et le piège est disposé de façon que l'autour, en pénétrant à l'intérieur, heurte une sorte de perchoir et produise un déclanchement; un poids quelconque suspendu à une corde tombe aussitôt, développant sur le dessus du piège un filet préalablement roulé sur un des bords supérieurs.

Les éperviers, comme les autours, peuvent se prendre au filet triangulaire ; mais c'est généralement aux mailles des oiseleurs qu'ils viennent donner. Dans le cas où l'airaigne serait employée, il conviendrait de la choisir à petites mailles et de placer, en guise d'appât, et dans les mêmes conditions une alouette, un moineau ou une caille.

Dès qu'un oiseau branchier sera pris, n'oubliez pas de lui mettre immédiatement la chemise (voir ce mot), pour que son plumage n'ait pas à souffrir de ses violents débats.

Cette recommandation, des plus importantes, devra être faite aux oiseleurs dans le cas où vous les auriez chargés de vous procurer des éperviers. Les autours adultes seront de plus chaperonnés de rust avant même de les enlever des mailles du filet. Une fois arrivés au logis, les oiseaux devront être au plus vite entravés et mis au bloc ou à la perche.

DE L'ÉLEVAGE DES OISEAUX NIAIS

Il y a pour les niais deux modes d'élevage : le taquet et la chambre.

ÉLEVAGE AU TAQUET

L'élevage au taquet ne doit se pratiquer que pour les autours, les éperviers chassant trop vite pour leur propre compte et étant, par conséquent, plus sujets à se perdre. Il consiste à déposer les oiseaux qui ont été enlevés du nid dans des aires artificielles, faites de tonneaux défoncés, caisses ou paniers fixés à une certaine hauteur du sol, soit contre un arbre, soit à un pieu, et à les élever ainsi en liberté jusqu'au moment où l'on juge qu'ils sont en état d'être repris.

Ces aires seront placées dans un parc ou dans tout autre endroit où les oiseaux ne courront aucun risque d'être dérangés, lorsque, essayant leurs forces, ils commenceront à s'éloigner à une certaine distance.

Elles seront établies, si faire se peut, à une cinquantaine de mètres d'une habitation, leur ouverture tournée au midi. En avant et en face de l'entrée, vous disposerez une plate-forme d'un mètre carré environ sur laquelle la nourriture sera apportée aux oiseaux, matin et soir, et à heure fixe. Vous n'omettrez pas, à ce moment, de faire entendre aux élèves un cri ou un sifflet quelconque qui sera désormais le signal du réclam et, par conséquent, toujours le même.

La nourriture qui devra être abondante, se composera de viande de bœuf, de mouton, cheval, chat, rat, souris, de lapin ou d'oiseaux. Vous observerez, au début, de ne rien donner aux niais qu'ils ne puissent digérer facilement, et, dans ce but, ne leur laisserez ni os ni grosses plumes, la graisse et les nerfs étant et devant toujours être, dans la suite, soigneusement évités. La viande de bœuf, de mouton, cheval, chat ou lapin pourra être servie coupée en morceaux de moyenne grosseur; les oiseaux, rats ou souris pourront être servis entiers.

Vos niais, n'ayant pas la force de s'échapper, se tiendront tout d'abord sur la planche. Quoique bien jeunes encore, vous les trouverez farouches et craintifs; montrez-vous souvent à eux, faites-leur voir le plus de monde possible, montrez-leur aussi des chiens, et attachez-en quelques-uns à une certaine distance des aires.

Bientôt vous verrez vos élèves s'écarter, sauter, voleter de branche en branche pour revenir ensuite à leur tonneau. Dépensant leurs forces à ces premiers essais de vol, leur appétit s'aiguisera bien vite, et si l'heure du repas a toujours été régulièrement observée, vous n'aurez pas plutôt déposé à l'endroit accoutumé le pât de vos oiseaux qu'ils s'y précipiteront dès que vous vous serez un peu éloigné.

Quand vous les verrez bien vigoureux et *sur leurs ailes*, quand, s'éloignant de plus en plus, ils commenceront à manifester des velléités de fuite à des distances inquiétantes, il faudra songer à les reprendre. Pour arriver à ce résultat, plusieurs moyens sont employés.

Un gros morceau de viande non hachée pourra être placé sur la planche à laquelle il sera attaché solidement, et un nœud coulant bien graissé, de vingt-cinq centimètres environ, disposé tout autour.

Dès que l'oiseau, empiétant le morceau, s'acharnera dessus, il vous sera facile, au moyen d'une longue corde, de fermer de loin le nœud coulant et de vous emparer du captif que vous armerez aussitôt.

Vous pourrez encore vous servir de l'airaigne ou du filet que les Anglais appellent *bow-net*. Voir ce mot au chapitre des instruments du précédent traité.

L'élevage au taquet permet d'avoir des élèves très vigoureux; mais on les trouve généralement d'un affaitage plus difficile que les oiseaux élevés en chambre.

ÉLEVAGE EN CHAMBRE

Cet élevage est très simple et plus à la portée de tous, car peu de personnes ont à leur disposition un grand parc ou une propriété dans laquelle les oiseaux ne courent aucun risque d'être dérangés ou tués par les voisins.

Il consiste à lâcher dans une chambre, remise ou grange, que vous choisirez aussi spacieuse que possible, les oiseaux niais (*de même espèce*) que vous aurez pu vous procurer.

Cette pièce devra être sèche, bien aérée, bien claire et exposée au soleil. Devant chaque ouverture, fenêtre ou porte, sera tendu un solide filet placé à trente centimètres au moins soit des carreaux soit de la porte, pour que les oiseaux, s'y précipitant de toutes leurs forces, comme ils ont coutume de le faire, ne puissent se blesser ni se briser les pennes contre les cloisons extérieures. Des perches ou tréteaux seront disposés de manière que les élèves puissent se brancher et voler d'un bout de la pièce à l'autre, et plusieurs blocs en bois seront placés sur le sol. Une longue et large planche sera aussi installée par terre, et vous y placerez la nourriture que les oiseaux devront toujours avoir *à discrétion*. Elle se composera de viande de bœuf, mouton, lapin ou petits oiseaux. Ce dernier aliment conviendra surtout aux éperviers. Vous disperserez les morceaux pour éviter les jalousies et, par suite, les combats. Vous tiendrez souvent compagnie à vos élèves et tâcherez de choisir la chambre de façon qu'ils puissent voir le plus de monde possible, voitures, chevaux, chiens, etc.

Nous vous conseillerons, et c'est un point important dont vous vous trouverez bien plus tard, d'attacher en dehors de la chambre et tout près de la cloison quelques chiens de couleurs différentes, afin que les oiseaux s'habituent de bonne heure à ces futurs compagnons de chasse. Un bassin d'un mètre de diamètre, de quinze centimètres de profondeur et rempli d'eau que vous renouvellerez fréquemment, sera aussi nécessaire. Les portes ou fenêtres du

perchoir seront fermées chaque soir à la nuit; si la chaleur était
trop grande, vous pratiqueriez dans le haut des portes des ouver-
tures assez larges garnies d'un grillage par mesure de précaution.

Si, pendant le temps que durera l'élevage en chambre, vous
avez eu soin de visiter fréquemment vos élèves, et si vous leur avez
souvent présenté à la main quelques petits morceaux qu'ils ont
bien voulu prendre, vous gagnerez ainsi un temps précieux et leur
éducation se fera en très peu de temps.

Au bout de quinze jours, trois semaines ou un mois, période
variant d'après l'état des niais au moment du dénichage, les
oiseaux étant arrivés à leur entier développement et leurs plumes
ayant atteint toute leur longueur, il faudra les armer et commencer
leur dressage.

DE LA MANIÈRE D'ENTRAVER LES OISEAUX

Pour armer les autours et éperviers niais élevés en chambre,
pénétrez, la nuit venue, dans la pièce où ils sont perchés et, accompagné d'un aide qui portera une lanterne et qui se tiendra en
arrière, choisissez le sujet dont vous voulez vous emparer. Avancez
doucement vers lui, levez lentement la main droite, les doigts
ouverts, jusqu'à l'endroit où il est perché, saisissez-le franchement
mais sans brusquerie par les deux tarses, en rapprochant les
doigts, et enlevez-le vivement de bas en haut, pour qu'il ne puisse
se heurter au bâton sur lequel il est perché. L'oiseau se débat et
se renverse en poussant des cris perçants; ne vous en effrayez pas,
et surtout ne craignez rien; il ne servira jamais de son bec pour
se défendre. Il pend, la tête en bas; tenez-le sans raideur et
tournez le poignet dans le sens de ses évolutions, pour qu'il ne se
torde pas les jambes; appuyez-lui la main gauche sur le dos,
ramenez les deux extrémités des ailes le long des cuisses et maintenez le tout pour empêcher ses débats. Faites alors étendre par
votre aide un mouchoir sur une planche, placez l'oiseau sur le

linge et, au moyen d'un nœud fait autour du cou et d'un autre autour des tarses, après avoir croisé le mouchoir sur la poitrine, vous paralyserez tous les mouvements du captif.

Faites tenir les pieds de l'oiseau, pour éviter les coups d'ongle, et procédez à la pose des entraves (voir au « Traité de fauconnerie » la note sur les instruments et sur la manière d'entraver les oiseaux).

Les entraves étant placées, graissez légèrement les tarses à l'endroit des jets et de la sonnette, mettez le gant, faites enlever le mouchoir et placez l'oiseau sur le poing. Il s'y couchera probablement tout d'abord ou se renversera en criant; soutenez-lui le dos de la main droite et remontez-le doucement sur le gant. Se couche-t-il de nouveau ? remuez le poing à droite et à gauche par une légère torsion du poignet; les muscles de l'oiseau se contracteront, et vous le verrez se redresser aussitôt.

Continuez à le tenir ainsi pendant quelques instants, puis, repassant le bouton de la longe dans la fente et tirant ladite longe jusqu'à ce que le bouton vienne toucher le touret, attachez l'oiseau sur un des blocs par un nœud fait à l'anneau central.

C'est là que votre élève passera sa première nuit, soit sur le bloc, soit sur la paille dont celui-ci aura été entouré.

Répétez la même opération avec vos autres oiseaux, et le lendemain vous serez en mesure de commencer le dressage.

Si nous recommandons, et cela d'une façon toute particulière, que ce travail soit fait le soir, c'est qu'à ce moment les oiseaux restent immobiles à l'endroit où ils sont perchés et que leur capture pendant la journée aurait pour résultat d'abord de les effaroucher, ce qu'il faut avant tout éviter, et ensuite de les exposer à se briser les pennes.

Les blocs seront entourés d'un lit de paille et suffisamment espacés les uns des autres pour que les oiseaux ne puissent se toucher en tirant sur leurs longes.

Les branchiers ou adultes, vous étant apportés en linge, seront entravés de la même façon que les niais.

DU DRESSAGE DES NIAIS ET BRANCHIERS

L'instinct des oiseaux niais joint à l'expérience qu'ils acquiè-
rent bien vite, leur indiquant tout naturellement la façon la meilleure de poursuivre leur proie, de la saisir et de la maintenir cap-
tive lorsqu'elle cherche à se dégager de leur étreinte puissante,
le dressage consiste simplement à les rendre assez soumis pour
qu'au signal du réclam ils viennent aussitôt se poser sur le poing
de leur maître.

Rien de pitoyable comme ces oiseaux qui, ayant manqué leur
proie, restent branchés ou posés sur le sol absolument insensibles
aux appels désespérés de l'autoursier.

Tous ses efforts doivent donc tendre à un but unique qui est le
principe même de son art : *Être maître de son oiseau.*

Que faire pour arriver à ce résultat ? Comment dompter ce
naturel sauvage, calmer ces violents débats, assouplir et dominer
assez ces caractères farouches pour les rendre dociles, obéissants
et soumis ? Deux choses bien simples.

Porter souvent ses élèves et les nourrir d'une façon raisonnée.

Votre premier soin sera de les mettre à la perche et de régler
leurs repas. La nourriture qu'ils ont reçue a été abondante, leur
embonpoint s'en ressent. Il convient donc de les abaisser et d'ai-
guiser suffisamment leur appétit, pour que la faim les rende ardents
et prompts au réclam.

Les niais et les branchiers, n'ayant pas connu la liberté comme
les oiseaux adultes dont le dressage fera le sujet du chapitre suivant, et se montrant moins farouches que ces derniers, n'ont pas
besoin comme eux d'être domptés par un jeûne sévère; il conviendra donc de les essimer d'une façon prudente et progressive.

Un bon appétit étant la qualité première des oiseaux de chasse,
nous estimons qu'il faut soigner leur estomac et lui éviter toute
cause d'affaiblissement ou de maladie. Or les jeûnes prolongés,
une nourriture insuffisante ou déréglée, produisent chez les oiseaux

de bas vol, qui supportent la faim moins bien que les faucons, des complications souvent mortelles.

Nous vous conseillerons donc, pour essimer vos niais, de ne leur donner pendant les premiers jours que la valeur d'une demi-gorge.

Une explication à ce sujet est indispensable. On a vu plus haut

Pillon, fauconnier de l'équipage de Beauchamp (S. et O.)
à M. E. Barrachin.

la signification de ce terme. Il est assez difficile de dire exactement à quelle quantité de nourriture correspondent ces mots de bonne gorge, demi-gorge et quart de gorge. L'expérience seule vous montrera ce que le tempérament de l'oiseau, son appétit, sa corpulence lui permettront d'absorber.

Si pourtant une indication approximative peut être donnée sur ce point, nous dirons que la mulette d'une femelle d'autour qui a eu bonne gorge, se trouve gonflée comme si elle contenait

un gros œuf de poule; mais le meilleur guide, nous le répétons,
sera l'expérience, et il vous sera facile de voir plus tard, à l'embonpoint d'un oiseau, de quelle quantité de nourriture doit se
composer pour lui la demi et la bonne gorge.

Vos niais ou branchiers étant entravés et ayant passé leur première nuit attachés au bloc, pénétrez le matin dans le perchoir,
ouvrez-en les portes et les volets, sans précipitation et sans bruit,
et attendez un instant.

Vous les trouverez effrayés, souvent plus que la veille; quelques-uns se débattront, tirant désespérément sur leur longe; ne
vous en préoccupez pas. La litière qui leur a été faite est douce
et ils ne peuvent se blesser; mettez le gant, choisissez un sujet,
avancez doucement vers lui en vous baissant; faites glisser la main
gauche le long de la longe passée entre le pouce et l'index, et enlevez vivement l'oiseau en élevant le bras; dénouez le bout de la
longe de la main droite et relevez-vous.

L'oiseau est sur le poing, il vous regarde, hébété, essoufflé. Il
se débat et se renverse; remontez-le sur le gant, le soutenant par
le dos de la main droite ouverte et cela *autant de fois qu'il se renversera*. Se tient-il tranquille? promenez-le dans la chambre pendant quelque temps, puis dehors dans un endroit désert, évitant
pour lui tout sujet de frayeur, le remontant chaque fois qu'il se
débat, comme il est dit plus haut, ou le forçant par une légère
torsion du poignet à se redresser sur le poing gauche, s'il vient à
s'y coucher.

La première sortie pourra durer une heure, au bout de laquelle
vous lierez l'oiseau à la perche fixe que vous aurez eu soin de préparer la veille dans le perchoir.

Cette perche se composera d'un bâton de quatre centimètres de
diamètre et fixé soit sur des supports en bois bien solides, soit aux
murs du perchoir; elle sera garnie d'une étoffe quelconque pour
que les pieds des oiseaux ne soient pas en contact avec le bois;
elle supportera, en outre, une forte toile de soixante centimètres
de hauteur environ placée verticalement et maintenue par de

petites lanières éloignées de quarante centimètres l'une de l'autre,
la partie supérieure de cette toile étant remontée suffisamment
pour qu'elle arrive presque à toucher la perche. Son but est de forcer l'oiseau qui se débat à remonter du même côté qu'il est tombé
et d'éviter ainsi l'enroulement de ses jets. Si, au lieu de suspendre
la toile, vous vouliez la coudre sur la perche même, les fentes qui
y seraient pratiquées pour donner passage à la longe devraient
être espacées d'au moins soixante centimètres l'une de l'autre pour
les autours, et de quarante-cinq pour les éperviers.

Pour percher l'oiseau, élevez-le verticalement de la main gauche,
puis abaissez-le sur le bâton, de façon que celui-ci se trouve
placé entre la queue et les tarses. L'oiseau n'en aura pas plus tôt
senti le contact qu'il prendra de lui-même position. Vous observerez, dans ce cas, de toujours percher l'élève à reculons en le con-
tre-gardant de la main droite. Si, plus tard, vous voulez le faire
sauter à l'endroit qui lui est réservé, montrez-lui bien la perche,
en la lui présentant de face, et tenez la longe de la main droite, en
lui laissant assez de longueur pour éviter que, retenu par elle,
l'oiseau n'aille se heurter la tête en avant contre l'obstacle.

Il arrivera qu'un oiseau attaché pour la première fois se renversera en se débattant, et restera pendu par les deux jets. Il s'agira,
dans ce cas, de le surveiller pendant quelque temps; relevez-le
sur la perche, en l'aidant de la main, chaque fois qu'il en sera
tombé et bientôt il y remontera tout seul. Vers le milieu de la
journée vous pourrez essayer de présenter le tiroir aux oiseaux;
s'ils tirent, ce qui sera d'un bon augure, paissez-les comme il a
été dit, d'une demi-gorge. S'ils refusent, ce qui n'aura rien d'éton-
nant étant donné leur état d'embonpoint, attendez jusqu'au soir
que la faim les décide, et il est probable qu'à la lumière d'une
lampe vous pourrez les nourrir sans difficulté.

Le tiroir se tient de la main droite et se pose sur le pied des
oiseaux; si ceux-ci ne se mettent pas à tirer, on agite le tiroir et on
leur en frotte les doigts; on peut aussi, dans ce cas, le tenir dans
la main gauche et gratter alors les pieds de l'élève avec l'ongle de

l'index droit; ce chatouillement énergique les excite et réussit généralement.

Si vous avez plusieurs oiseaux, vous ferez bien de vous adjoindre
un aide car ils devront être portés au commencement du dressage le plus longtemps possible. N'oubliez pas dans la suite que
les oiseaux de poing ne sauraient être trop portés; leur véritable
perche, c'est le poing de leur maître, et les meilleurs élèves sont
toujours ceux qui auront été le plus en sa compagnie.

Les mêmes exercices et promenades continueront le lendemain
et les jours suivants, jusqu'à ce que les oiseaux mangent bien sur
le poing; ils ne recevront qu'une demi-gorge vers le milieu de la
journée, à moins qu'ils ne se fassent prier; dans ce cas, attendez
jusqu'au soir pour les nourrir, comme il a été dit plus haut.

Ces premières leçons sont très fatigantes, nous en convenons;
mais souvenez-vous que les résultats obtenus seront toujours en
rapport avec le temps passé à porter les oiseaux; bientôt, lorsque
vous verrez ces derniers sauter d'eux-mêmes sur le poing à
quelque distance et, un peu plus tard, vous suivre partout, obéissants au réclam, vous serez largement payés de vos peines!

La nourriture se composera, pour les autours, de bœuf, mouton,
chat, lapin, oiseaux, qu'il sera inutile de leur couper par morceaux. Il sera même préférable de les laisser tirer, ce qui *leur
donnera des reins*.

Les éperviers seront pus de préférence de petits oiseaux ou, à
défaut, de bonne viande de bœuf bien hachée tenue toute prête
dans la boîte au pât.

Arrivés à leur degré de complet développement, les uns et les
autres pourront absorber poils ou plumes; vous leur en donnerez
deux ou trois fois par semaine. Vous examinez bien le lendemain
matin s'ils ont rendu leur pelote que vous trouverez généralement
en dessous de la perche, et vous prendrez grand soin de ne point
les nourrir qu'ils ne l'aient rejetée.

Nous avons dit que, pendant les premiers jours, les oiseaux
seraient modérément nourris et recevraient vers midi la valeur

d'une demi-gorge. Nous avons, cela s'entend, parlé d'une façon générale ; le naturel et les dispositions de l'oiseau seront vos seuls guides ; il n'y a pas sur ce point de règle absolue ; vous n'abaissez, en somme, vos oiseaux que pour les rendre ardents : mais si vous les voyez dès le début tirer franchement, n'hésitez pas à les nourrir un peu plus fort, n'oubliant jamais, dans la suite, que les meilleurs oiseaux de chasse sont ceux qui, à obéissance égale, sont le mieux nourris.

La période qui vient de s'écouler n'est qu'une transition entre l'élevage et le dressage proprement dit ; son but est d'habituer l'élève à son maître et de le familiariser avec les objets extérieurs. Il s'agit maintenant de le rendre obéissant et soumis. Lorsqu'au bout de deux trois ou quatre jours vous le verrez se tenir tranquillement sur le gant sans se débattre, et tirer, sans se faire prier, dès que vous lui présenterez le tiroir, placez-le sur la perche et essayez de le faire monter de lui-même sur le poing placé tout près de lui ; s'il y monte donnez-lui une bonne beccade. Recommencez plusieurs fois le même exercice. S'acharne-t-il ? empiétant le tiroir d'un pied d'abord, puis de deux, récompensez-le plus généreusement. Essayez de même avec un second oiseau, allant ainsi de l'un à l'autre. Servez-vous d'un tiroir dépouillé de sa grosse viande et évitez, pendant tous ces exercices, les curieux et le bruit.

Dès que l'oiseau montera de lui-même sur le poing, essayez de le faire sauter à quelques centimètres de la perche, puis à dix, puis à vingt, tout cela lentement, sagement, progressivement ; choisissez pour ces exercices l'heure du repas. Jardinez vos oiseaux plusieurs fois par jour, répétez l'appel au poing chaque fois que vous irez les chercher dans le perchoir, chaque fois aussi que vous les aurez replacés sur la perche, les récompensant lorsqu'ils auront bien obéi.

Dès que vous les verrez venir sans hésiter à quelque distance, puis à bout de longe, ce dernier résultat n'étant obtenu qu'au bout de plusieurs jours de patience méthodique, passez, mais seulement alors, aux mêmes exercices en plein air, en les recom-

mençant tous, c'est-à-dire en posant d'abord l'oiseau sur une
branche basse, barrière ou tréteau, en le faisant monter de lui-
même sur le poing puis sauter à petite distance, toujours progressivement, jusqu'à ce que dehors il vienne bien à bout de longe.
Ne cherchez pas à aller trop vite; ces différents exercices dans la

Le « Réclam. » instantané de M. Georges Guillaume, Berck, 1902.

chambre et en plein air dureront de huit à quinze jours, selon les
élèves. La façon dont vous leur aurez tenu compagnie pendant
l'élevage en chambre et dont vous les aurez portés pendant les
trois ou quatre premiers jours de dressage, sera pour beaucoup
dans la rapidité de leurs progrès.

   Les autours élevés au taquet demanderont un peu plus de temps,
mais ils oublieront vite leur liberté première, surtout si vous vous
en êtes occupés un peu plus que des autres. Le dressage des
éperviers niais branchiers ou adultes se fera de la même façon.
Pendant toute cette période d'exercices, les oiseaux auront été,
comme nous l'avons recommandé, nourris d'une façon proportionnée à leur obéissance, les éperviers pourtant devront l'être

beaucoup plus que les autours, toutes proportions gardées.

Pour les uns comme pour les autres, vous observerez cependant de leur donner, *dès qu'ils sauteront bien sur le poing*, un jour bonne gorge et le lendemain demi-gorge. Cette méthode sera désormais toujours suivie, l'appétit des oiseaux s'en trouvant aiguisé et les jours de demi-gorge devant être ceux qui, plus tard, précéderont le jour de chasse. Ce jour-là, soit que l'oiseau ait bien chassé, soit qu'il faille, et cela est toujours nécessaire, récompenser ses tentatives malheureuses, il sera pù largement, soit de son gibier, soit d'un pât dont vous aurez eu soin de vous munir.

Le perchoir contenant un bassin dont l'eau sera renouvelée fréquemment, les oiseaux y seront attachés pendant les grandes chaleurs deux ou trois fois par semaine, pour qu'ils puissent y boire ou s'y laver.

L'hiver, un bain tous les huit jours suffira amplement, et pendant les grands froids on se servira d'eau tiède. Le bain se donnera immédiatement après le repas, avant que la digestion soit commencée. Dès qu'un oiseau sera attaché au bassin, il faudra s'en éloigner pour ne point le gêner. Une fois baigné, approchez-vous de lui, toujours avec le tiroir, laissez-le sauter sur le poing, donnez-lui une bonne beccade et jardinez-le dehors sur une perche mobile (voir ce mot aux instruments employés en fauconnerie), au soleil, si possible, jusqu'à ce qu'il soit bien sec. Cette perche aura été, dès le début du dressage, installée en plein air, et vous pourrez y lier les élèves dès qu'ils commenceront à venir un peu au poing, d'abord pendant quelques heures, puis toute la journée, lorsqu'il fera beau. Vous choisirez pour cette installation un endroit qui ne soit pas trop exposé au vent ou au grand soleil.

A partir du premier jour du dressage, vous n'aborderez jamais vos oiseaux à la perche sans leur présenter le tiroir sec, en leur faisant entendre en même temps le sifflet de réclam.

Cette recommandation est des plus importantes et devra toujours être observée dans la suite. Les oiseaux finiront par connaître si bien l'habitude que vous en aurez prise qu'ils ne vous verront jamais arriver sans plaisir. Nous en avons eu qui poussaient si loin la joie de nous voir arriver, qu'ils commençaient à se débattre et à vouloir venir à notre rencontre, quelle que fût la distance à laquelle nous nous trouvions d'eux ; de tels oiseaux sont imperdables, si l'on sait les tenir en état.

Quand les oiseaux viendront bien dehors à bout de longe, remplacez celle-ci par la filière et augmentez les distances. Le plus fort du dressage est fait et les progrès iront vite. Au bout de chaque leçon en plein air, réclamez l'élève sur le poing à une faible distance et augmentez-la graduellement sans vous presser. Ne le faites pas venir, au début, plus de cinq ou six fois pendant chaque leçon, pour ne pas le fatiguer ni le décourager, et paissez-le selon son jour de bonne ou de demi-gorge.

Vous ferez en sorte qu'il n'y ait dans le rayon de la filière, rayon variable selon la longueur à laquelle vous réclamez l'oiseau, aucun arbre sur lequel il courre risque de s'empêtrer, si, ne venant pas au réclam, il cherchait à fuir et à se brancher. Posez-le souvent sur le sol et éloignez-vous de quelques pas pour le réclamer. Mettez-vous toujours au vent, pour que l'élève ait à voler vent debout, car, dans le cas contraire, il pourrait se trouver malgré lui emporté trop loin. Quand, pour un motif quelconque, un oiseau cherchera à fuir, prenez garde que la filière ne vienne à casser par suite de la secousse ; laissez-la donc filer un peu dans la main gauche et serrez-la en raison inverse de la vitesse de l'oiseau. Celui-ci, se trouvant arrêté, se posera sur le sol ; abordez-le, toujours en face et en vous baissant, réclamez-le et donnez-lui une bonne beccade.

Lorsqu'il viendra bien à vingt-cinq ou trente mètres, paissez-le une fois ou deux d'un pigeon vivant, s'il s'agit d'un autour, ou d'un petit oiseau, s'il s'agit d'un épervier, et vous pourrez alors laisser de côté la filière. Cette précaution est indispensable, car vous allez bientôt abandonner l'oiseau à lui-même, et il est de toute nécessité de lui faire connaitre le vif dont il est très friand, et qui vous servira à le reprendre s'il venait à manifester des idées d'indépendance ou de fuite.

Quand le moment de laisser l'oiseau en liberté sera venu, enlevez le touret, placez votre élève sur une branche située à hauteur d'homme, écartez-vous de quelques mètres et réclamez-le. Posez-le sur le sol, réclamez-le de même; s'il est bien affamé et si vous avez eu soin de le tenir la veille de cette première leçon sans filière, en ne lui donnant qu'un quart de gorge, vous le verrez souvent tourner autour de vous, galoper sur le gazon, les ailes entr'ouvertes et s'élancer avec un véritable acharnement sur le tiroir, dès que vous le lui aurez présenté. Si, voulant dérober ce tiroir à sa vue, vous tournez vous-même sur place pour tromper ses manœuvres, gardez-vous de marcher sur l'oiseau, car il sera souvent *dans vos jambes*.

Ces leçons continueront de la même manière pendant quelques jours, et vous arriverez bientôt à faire venir vos oiseaux de très loin. Dans le cas où ils seraient trop ardents et ne vous donneraient pas le temps de vous éloigner suffisamment, faites-les tenir au poing par un aide. N'oubliez pas, dans la suite, que plus la distance à laquelle vous les réclamerez sera grande, moins vous devrez répéter l'exercice du réclam. Nous avons l'habitude, lorsque nous les faisons venir à deux ou trois cents mètres, de les réclamer d'abord à trente mètres, puis à quatre-vingts et, enfin, à toute la distance. Nous les paissons alors d'une bonne gorge souvent composée, dans ce cas, d'un pigeonneau ou d'un oiseau quelconque fraîchement tué.

Quand l'élève vient bien en liberté, il est inutile de prendre la peine de le poser sur une branche; les seules entraves qui lui restent étant les jets passés entre le médium et l'annulaire de la main gauche et maintenus par le pouce, tendez le bras raide et, lui imprimant un mouvement d'arrière en avant, lancez l'oiseau hors du poing; il ira se brancher lui-même. Éloignez-vous alors en courant, le bras gauche bien tendu en dehors, le tiroir visiblement tenu sur le gant, et il est rare que l'oiseau vous laisse aller

bien loin sans l'empiéter. Si, pourtant, il ne vous suivait pas,
arrêtez-vous et réclamez-le; se fait-il prier, rapprochez-vous.
Décrivez autour de lui, en vous arrêtant de temps en temps pour
le réclamer, un cercle d'autant plus grand que la branche sur
laquelle se trouve l'oiseau est plus haute; placez-vous derrière un
massif, un buisson, vous montrant, puis vous cachant ; tous ces
moyens sont bons. L'oiseau
reste-t-il sourd à votre réclam, se pose-t-il sur un pied,
manifestant ainsi le désir de
rester installé où il se trouve?
ayez alors recours aux grands
moyens.

Prenez un oiseau quelcon-
que, mort ou vivant, attachez-
le à la filière et leurrez votre
élève en lançant à quelque
distance de lui sur le gazon

votre appât captif; il est probable que, du premier coup, l'oiseau sera empiété. La désobéissance que vous avez constatée
provenant d'une mauvaise condition de l'élève, nourrissez-le
fort peu ce jour-là et remettez-le en état avant de recommencer
les exercices sans filière.

Si, au cours des exercices à grande distance, vous voyez votre
oiseau donnant des signes de fatigue se poser sur le sol, rapprochez-vous de lui, réclamez-le et, pour rien au monde, ne continuez
à le faire venir de loin avant qu'il ne soit en meilleur état d'entraînement. Un oiseau réclamé doit venir droit au poing, sans se
poser ni s'écarter de sa ligne, et ce n'est que progressivement et
en le tenant chaque jour sur ses ailes le plus longtemps possible,
par une série de vols plus courts mais souvent répétés, que vous
arriverez à lui faire franchir sans peine des distances de trois
cents, quatre cents et cinq cents mètres. Que ferait-on, plus tard,
d'un oiseau qui ne pourrait, sans être essoufflé, fournir la même

carrière à la poursuite d'un perdreau ou d'un lièvre et déployer ensuite, au moment de la prise, assez d'activité ou de vigueur pour s'emparer comme il faut de sa proie ?

Il peut arriver que, faisant voler un oiseau sur la fin de la journée, vous soyez surpris par la nuit avant d'avoir pu le décider à revenir, soit au poing, soit au leurre ; ne vous désespérez pas. Attendez qu'il fasse bien nuit, observez jusque-là l'endroit où perche votre oiseau, rentrez chez vous et, le lendemain matin, trouvez-vous avant le petit jour à l'endroit où vous l'aurez laissé la veille ; dès que vous l'apercevrez, agitez et lancez votre leurre et il y a tout à parier que vous le reprendrez sans peine.

Pendant toute cette période de dressage variez la nourriture de vos oiseaux. Choisissez au début des endroits déserts pour vos exercices ; mais dès que ceux-ci sont terminés, montrez à vos élèves le plus de monde que vous pourrez ; faites-leur voir des chiens, des chevaux, des voitures, habituez-les au bruit ; choisissez pour cela le moment où la leçon finie ils mangeront sur le poing.

Au lieu de les baigner dans le perchoir, faites-le si cela est possible au bord d'un étang ou d'un ruisseau ; attachez-les au moyen d'une filière de deux mètres à un piquet près duquel vous aurez façonné un bloc de gazon où ils pourront se poser pour se sécher à leur aise. Si votre présence les gêne pour se baigner, écartez-vous un peu, et lorsqu'après le bain ils se seront bien séchés, reprenez-les sur le poing en leur présentant le tiroir.

Tel est le dressage des niais et branchiers ; il peut durer quinze jours ou trois semaines, un mois au plus pour les autours branchiers ; tout déprendra du temps passé à les porter, de la façon dont vous leur avez tenu compagnie pendant l'élevage en chambre, et surtout de la manière plus ou moins méthodique dont vous aurez suivi les conseils donnés plus haut.

DU DRESSAGE DES ADULTES

Les éperviers adultes, pris au piège, sont les meilleurs qu'on puisse employer à la chasse ; ils se dressent, à peu de chose près, comme les niais ou branchiers, avec cette différence toutefois qu'ils doivent être de suite portés sans discontinuer, jusqu'à ce qu'ils aient donné, en mangeant sur le poing, une preuve suffisante de soumission. Ce résultat est vite obtenu, l'épervier étant moins farouche que l'autour, se familiarisant aisément et n'ayant pas besoin, pour être affaité, de moyens bien sévères. Le présent chapitre s'appliquera donc plus spécialement à l'autour adulte.

Ce dressage, long et pénible (car il s'agit de dompter le naturel le plus sauvage qui existe), exige de la part de l'autoursier une triple dose de patience, de volonté et de tact. C'est une lutte qu'il entreprend avec son élève, et s'il doit en sortir vainqueur, il ne faut pas que ce soit au détriment de la santé ni des qualités de ce dernier. Vous n'arriverez à dresser un autour adulte que par trois moyens : la privation de lumière, la privation de nourriture et la privation de sommeil. Pendant trois ou quatre jours, en effet, quelquefois plus, selon la nature ou l'âge de l'oiseau, vous devrez le tenir chaperonné, lui imposer un jeûne rigoureux et l'empêcher de goûter le moindre repos. Or, comme la prolongation exagérée de ces épreuves pourrait entraîner une maladie de l'élève, il convient d'agir avec méthode afin d'arriver à un résultat au bout de peu de temps. Nous estimons qu'en trois ou quatre jours au plus un autour adulte, s'il a été bien conduit, doit donner à son maître une preuve suffisante de soumission pour qu'on se relâche un peu de la sévérité du traitement.

Première journée. — Dès qu'un autour adulte est pris, chaperonnez-le de rust (voir pour la pose du chaperon le chapitre des *Instruments*), portez-le au logis, entravez-le, prenez-le sur le poing et jardinez-le jusqu'à la nuit. Faites-vous assister dans ce cas par un aide ; le soir venu, rentrez-le et liez-le à la perche.

Comme un oiseau chaperonné ne pourrait rendre sa pelote et mourrait étouffé et qu'il pourrait se faire que votre prisonnier eût absorbé du poil ou de la plume avant sa capture, déchaperonnez-le pour la première nuit et laissez-le dans l'obscurité jusqu'au lendemain matin.

Deuxième journée. — Pénétrez alors de bonne heure dans le perchoir dont les portes et volets auront été hermétiquement clos ; faites-vous éclairer par quelqu'un, chaperonnez votre oiseau et portez-le de nouveau pendant toute la journée en lui posant de temps en temps le tiroir sur les pieds et en l'excitant à tirer quelques petites beccades. (Nous avons vu que la fente antérieure du chaperon du rust permettait à l'oiseau de manger.)

La nuit venue, prenez-le sur le poing à la lumière d'une lampe, et, après l'avoir fait tirer au travers du chaperon, enlevez ce dernier. Surpris de cette clarté qui lui est inconnue, de ces objets qu'il voit pour la première fois, il fixera sur vous un œil inquiet, cependant il cherchera peu à se débattre ; présentez-lui entre les pieds un bon morceau de bœuf ou de mouton et essayez de le faire tirer en pratiquant le chatouillement énergique de l'ongle sur les doigts ; il est probable qu'il prendra quelques beccades.

L'oiseau n'ayant pas de pelote à rendre, chaperonnez-le ; il ne faut pas qu'il puisse dormir cette nuit-là. Pour cela, installez-le sur une perche qu'une personne chargée de veiller l'oiseau secouera de temps en temps pour empêcher l'oiseau de s'endormir.

Troisième journée. — Le lendemain et la nuit suivante, mêmes manœuvres. L'oiseau n'ayant absorbé pendant ces trois jours que très peu de chose, n'ayant été déchaperonné que quelques instants à la lumière de la lampe et n'ayant goûté presqu'aucun repos, commencera à donner des signes non équivoques de faiblesse : C'est le moment d'éprouver sa soumission.

Quatrième journée. — Le matin du quatrième jour, faites entr'ouvrir très légèrement du dehors un volet du perchoir, de façon qu'un faible rayon de lumière y pénètre ; prenez l'oiseau sur le poing, déchaperonnez-le et présentez-lui le tiroir ; s'il tire, faites ouvrir le volet un peu plus, mais fort peu et sans bruit. L'oiseau mange-t-il toujours ? donnez-lui un quart de gorge, chaperonnez-le et laissez-le se reposer quelque temps sur la perche ; jardinez-le ensuite jusqu'au soir, rentrez-le et, à la nuit, recommencez la même expérience que la veille. Si vous êtes assez heureux pour que la tentative réussisse, donnez-lui encore un quart de gorge et laissez-le cette fois coucher dans le perchoir sans le déranger. Vous pourrez le laisser chaperonné, car vous aurez eu soin de ne rien lui laisser avaler qui puisse former pelote.

Répétez la même opération le lendemain, en entr'ouvrant les volets comme le jour précédent, augmentez un peu la nourriture de l'oiseau, et vous finirez, au bout d'une semaine environ, par le voir manger sans crainte en plein jour dans le perchoir, dès que vous l'aurez déchaperonné

Ne vous avisez pas surtout de lui enlever le chaperon dehors avant que de sa perche il ne vienne bien au poing à bout de longe. Vous pourrez, à partir de ce moment, le déchaperonner de temps en temps, en plein air d'abord et dans un endroit désert, en ayant soin de toujours lui présenter le tiroir à ce moment ; évitez les curieux et par-dessus tout les chiens. Si toutes les indications que nous avons données ont été bien suivies, et si vous ne vous êtes pas trop hâté, vous dresserez vos adultes comme les niais, avec cette différence toutefois que l'affaitage durera le double, c'est-à-dire un couple de mois environ.

Bien que les autours adultes, une fois en bonne voie de dressage, puissent être déchaperonnés constamment, l'usage du chaperon est tellement commode, soit pour voyager, soit pour éviter les débats des oiseaux les jours de chasse, que nous vous engageons à leur en laisser conserver l'habitude en les chaperonnant de temps en temps.

Les autours adultes d'un an sont les meilleurs de tous ceux employés à la chasse, par la raison bien simple qu'ils ont toute l'adresse et la vigueur des autours plus avancés en âge et qu'ils sont plus facilement dressés; nous ne vous engageons pas, cependant, à en entreprendre le dressage la première année que vous vous occuperez d'autourserie, car il demande trop d'expérience et de connaissances pratiques; bornez-vous, pour commencer, à l'affaitage des niais qui vous procureront en somme autant de plaisir et presque autant de succès.

Quant aux autours hagards de deux, trois ou quatre mues, ils sont d'un dressage extrêmement difficile, et nous ne pouvons en conseiller l'essai qu'à des autoursiers très expérimentés.

Le dressage du berkout et de l'aigle bonelli que nous ne recevons guère dans nos contrées qu'à l'état adulte se ferait de la même façon; mais comme ce sont des oiseaux qui supportent la faim pendant beaucoup plus longtemps que les autours il y aurait à faire une véritable étude de leur tempérament; de plus ils sont d'un caractère peu maniable et même parfois dangereux; leur extrême rareté nous dispense d'en déconseiller l'emploi qui n'a du reste sa raison d'être que dans les steppes asiatiques où ils peuvent voler des quadrupèdes proportionnés à leur taille.

DE LA MANIÈRE DE FAIRE CONNAITRE LE GIBIER
AUX OISEAUX NIAIS

Vos oiseaux venant bien au réclam à toute distance, il faut leur faire connaître le gibier à la prise duquel vous les destinez.

L'autour vole également le poil et la plume; le mâle et la femelle peuvent être indistinctement employés avec succès sur le lapin, la perdrix, la pie, le faisan et le canard; les femelles seules sont mises sur le lièvre.

Quelle que soit, parmi ces différentes espèces, celle que vous voudrez faire connaître à votre élève, les seuls moyens à employer

consisteront : 1° *à le nourrir sur le gibier même* tenu à la main,
mort ou vivant ; 2° *à lui faire empiéter ledit gibier* tenu en filière
tout près de lui, et 3° *à le lui lâcher d'escap.* Tout cela est simple
et facile. Nous recommanderons seulement de ménager les forces
de l'élève en ne les mettant pas tout d'abord aux prises avec un

Tiercelet d'autour empiétant un lapin.

gibier trop vigoureux et en allant progressivement du petit au
gros. Cette observation s'appliquera principalement aux lapins ou
aux lièvres, dont la force musculaire est énorme et qu'on aura
soin de choisir jeunes pour les premiers exercices. La première
fois, vous pourrez faire empiéter un animal fraîchement tué que
vous agitez de la main droite sur le gazon, pendant que vous
tiendrez l'oiseau sur le poing à un faible distance ; le lendemain,
vous passerez à un animal vivant, maintenu par les pattes ou tenu
à la filière. Si votre élève hésitait, n'en augurez rien de mauvais ;
nous en avons vu qui mettaient un certain temps à s'habituer au
vif et qui n'en devenaient pas moins d'excellents oiseaux. Après

avoir répété ces leçons pendant quelques jours et lorsque vous verrez que votre élève connaît bien le gibier auquel il est destiné, vous pourrez passer aux exercices d'escap.

Un autour ne pouvant convenablement maîtriser un quadrupède que s'il l'empiète par la tête ou par l'épaule, n'omettez jamais, dès le début, de pratiquer immédiatement sur le cou de la victime empiétée une incision rapide qui aura pour résultat d'abord, d'éviter à l'animal des souffrances inutiles et d'habituer ensuite l'oiseau à le saisir au bon endroit. La façon de lâcher un gibier d'escap et tenu en filière devra se faire d'une façon adroite ; le gibier vivant sera placé dans une trappe, disposée au préalable et dont on fera ouvrir en temps utile le couvercle au moyen d'une corde. Il pourra encore être tenu par un aide caché dans un buisson, pour être lâché au moment voulu. Dès qu'un oiseau aura fait trois ou quatre prises il pourra voler pour bon ; observez cependant, et c'est un point très essentiel, de lui donner dans les commencements tout l'avantage possible pour qu'il se trouve encouragé par ses premiers succès.

Tous les tiercelets ne prennent pas volontiers le lapin ; ceux qui les empiètent bien sont précieux, car ils sont vites et adroits ; ceux qui ne les volent pas franchement devront être *mis* de préférence sur la plume.

Nous avons dit que les femelles seules prenaient le lièvre, encore faut-il qu'elles soient de première force, car un animal de huit ou neuf livres est un adversaire avec lequel elles ont à compter. Si, parmi vos oiseaux, vous avez la chance de posséder une femelle exceptionnelle, comme force et comme courage, n'hésitez pas à la réserver exclusivement pour ce gibier. Commencez par lui faire empiéter de jeunes levrauts, et vous arriverez progressivement à lui faire prendre les plus gros lièvres.

Nous n'avons pas besoin de vous recommander de tenir vos oiseaux, la veille de ces exercices d'escap, à la suite desquels ils seront nourris sur le gibier même. Ces jours-là seront jours de bonne gorge ; les jours de demi-gorge seront réservés aux exercices de réclam, avec ou sans filière, selon l'état de l'oiseau.

Si, dans la suite, vous leur faites voler plusieurs oiseaux ou quadrupèdes d'escap, faites-leur à chaque fois courtoisie, leur laissant tirer quelques beccades sur le gibier qu'ils viennent de prendre.

Si vous vouliez mettre un autour sur un oiseau qu'il vous est difficile de vous procurer vivant pour vos exercices d'escap, le corbeau par exemple (qu'on arrive quelquefois à prendre par surprise), il ne serait pas absolument nécessaire de lui faire empiéter au préalable un corbeau d'escap ; il vous suffirait de prendre une poule noire. Voulez-vous le mettre sur la pie ? servez-vous d'une poule blanche ; sur le faisan ? prenez-en une rousse, faisant voler lesdites, tant bien que mal, en les jetant du haut d'un mur ou d'un toit ; la similitude du plumage suffira et votre élève s'en contentera.

L'épervier ne vole que la plume ; les mêmes moyens seront employés, avec cette seule différence qu'avant de voler pour bon l'épervier devra être assuré d'un façon parfaite, cet oiseau étant plus sujet à prendre le change et à fuir. S'il s'agit d'oiseaux adultes, vous pourrez lorsqu'ils seront assurés leur lâcher un gibier d'escap tenu en filière. Vous observerez seulement, dès qu'ils voleront pour bon, de ne pas les faire voler plus d'une fois au début, ces oiseaux se décourageant facilement s'ils ne peuvent, comme ils ont généralement coutume de le faire à l'état sauvage, se nourrir de suite sur leur prise. Plus tard, vous pourrez certainement exiger d'eux plusieurs vols, mais, en thèse générale, ils ne devront jamais voler autant de fois que les niais.

DE LA CHASSE

Nous allons passer en revue les différents vols auxquels on peut se livrer avec l'autour et l'épervier, en indiquant les meilleurs moyens à employer pour faire le plus de prises possibles. L'expérience nous ayant montré à quelles causes infimes sont souvent dus les insuccès d'une partie de chasse, nous essayerons de mettre les débutants en garde contre les déconvenues auxquelles ils seront exposés lorsqu'ils opéreront devant des spectateurs, plus ou moins sceptiques ou railleurs, qui ne peuvent se rendre compte de la dose de patience déployée pour arriver aux résultats, même imparfaits, dont ils sont les témoins. Règle générale : ne chassez jamais en temps de brouillard ou de neige ou par un vent violent ; n'essayez rien avec des oiseaux qui ne viennent pas bien au poing ou qui n'ont pas été tenus la veille, en un mot, qui ne sont pas en condition ; ne les lâchez pas s'ils se débattent et, pour cela, ne commencez jamais votre chasse dès que vous les aurez sortis soit du perchoir soit du panier ou d'un endroit clos où ils auront été mis à la perche. Jardinez-les toujours quelque temps auparavant et faites-leur tirer une beccade ou deux pour vous assurer de leur acharnement.

S'ils craignent les chiens, que ceux-ci soient tenus en laisse et très en arrière pour qu'ils ne puissent pas être aperçus au moment du vol.

Ne sortez jamais un jour de chasse sans avoir en réserve, dans votre fauconnière, une filière, un pigeon vivant armé de jet, ou un bon leurre. Il faut tout prévoir, et vous serez peut-être bien aise, à un moment donné, d'avoir recours à ces moyens extrêmes pour reprendre un oiseau effrayé ou indifférent au réclam.

L'été, évitez les grandes chaleurs du milieu de la journée, ne volez que le matin avant dix heures ou de préférence le soir vers cinq ou six heures. N'omettez pas, à cette époque de l'année, de présenter deux ou trois fois par semaine le bain à vos oiseaux,

Un bon endroit! Vol de la poule d'eau.

pour éviter qu'ils ne montent à l'essor afin de trouver à une altitude souvent élevée la fraîcheur dont ils ont besoin.

Ne chassez jamais le même gibier avec deux autours à la fois, pour éviter des combats meurtriers. Si vous partez en chasse avec plusieurs oiseaux, n'en conservez qu'un seul avec vous et faites tenir les autres en arrière et à l'écart, pour qu'ils ne se fatiguent pas en se débattant à la vue du gibier qui se lève.

VOL DU LAPIN

L'autour y est parfait !

Si vous voulez chasser devant vous, faites-vous accompagner par deux aides qui battront les ronces, herbes et buissons au moyen de chassoires; allez doucement et tenez-vous quelque peu en arrière pour embrasser d'un seul coup d'œil tout l'espace que l'on bat devant vous.

Si vous vous servez d'un chien d'arrêt familier à l'oiseau, qu'il soit dressé à ne point partir à la poursuite du gibier, et qu'il ait été dressé à ne jamais approcher des oiseaux lorsque ceux-ci mangent à terre. Dans le cas où vous ne seriez pas sûr de la docilité de votre chien, faites-le tenir en laisse. Tombe-t-il en arrêt ? avancez doucement derrière lui, faites lever le gibier et lâchez l'autour. Le lapin est-il empiété ? ne vous pressez pas ; avancez vers l'oiseau, abordez-le par devant, baissez-vous et saisissez le lapin par le train de derrière allongez-le ou cassez-lui les reins ; prenez votre couteau, pratiquez une incision au cou de l'animal et laissez l'autour tirer une ou deux beccades de viande chaude ; présentez-lui alors le tiroir de la main gauche et enlevez-le après l'avoir saisi par les jets. S'il ne lâche pas sa proie, dégagez-lui les ongles un à un en commençant par l'avillon ou doigt postérieur, mais cela sans brusquerie et sans déployer plus de force qu'il n'en faut ; relevez-vous et continuez votre chasse. Votre lapin est-il manqué pour un motif quelconque et votre oiseau se branche-t-il ? réclamez-le tout de suite ; se pose-t-il sur le terrier où le lapin vient de disparaître ? réclamez-le de même. Ce n'est qu'au premier lapin que votre autour aura pris qu'il conviendra de pratiquer l'incision au cou ; dans la suite il sera inutile de prendre cette peine, il suffira d'allonger le lapin pour être sûr qu'il ne se sauvera pas dès que vous aurez enlevé votre oiseau.

Ne laissez jamais prendre à vos oiseaux la mauvaise habitude

Reprise de l'oiseau sur le lapin (Dunes de Berck).

de bloquer, c'est-à-dire de se brancher à *leur avantage* et d'attendre, ainsi placés, le départ d'un second lapin, car vous en éprouveriez bien vite toutes les fâcheuses conséquences et vous vous verriez chaque fois obligés de les leurrer pour les reprendre.

Être maître de son oiseau, nous l'avons dit, est la règle de l'autoursier et nous estimons que des oiseaux de poing doivent revenir au poing, le leurre ne devant être employé que dans les cas extrêmes.

Si vous chassez sous bois, agissez de même ; choisissez seulement les endroits les plus clairs.

Chassez toujours vent debout ; un oiseau ne se dirige bien que s'il vole contre le vent. Dans une garenne ou dans les dunes du bord de la mer, si vous vous servez du furet, commencez par le faire connaître à votre autour. Pour y arriver, posez le furet à terre à plusieurs reprises et retenez l'oiseau qui, au début, voudra fondre dessus ; bientôt il n'y pensera plus et reconnaîtra bien vite dans ce petit compagnon de chasse un précieux collaborateur.

Arrivés sur le terrain, placez les personnes qui vous accompagnent un peu en arrière de vous, disposez-les de façon à laisser au lapin le champ le plus commode et mettez le furet dans la gueule du terrier que vous jugerez convenable. Dès que le lapin sortira, lâchez. Le touret et la longe ayant été enlevés et les jets seuls passés entre le médium et l'annulaire étant maintenus par le pouce au-dessus de l'index, il suffit, pour lâcher, d'ouvrir la main toute grande.

Il arrive quelquefois qu'un lapin mal empiété, c'est-à-dire pris par les reins ou par la croupe, galope avec l'autour sur le dos et cherche à pénétrer dans le premier terrier qu'il rencontre. Souvent alors l'oiseau s'arc-boute avec les ailes et maintient sa proie à l'entrée du trou. Dans ce cas, qu'aucun de vos compagnons ne bouge ; avancez seul, et sans courir, au secours de votre autour, baissez-vous doucement, glissez une main sous lui, saisissez le lapin par les pattes de derrière et tirez-le dehors. Il y a, dans ce cas, de la part du lapin et de l'oiseau ainsi arrêtés comme un moment de réflexion dont il faut profiter ; le lapin, brusquement saisi dans sa fuite, songe au moyen de se tirer de ces griffes puissantes qui l'étreignent ; l'autour, de son côté, se demande comment il pourrait bien tirer sa proie de ce gouffre où elle va disparaître, et le moindre mouvement de l'oiseau déterminerait de la part de sa victime un suprême effort qui la sauverait sans doute ; il est donc indispensable d'agir prudemment.

Nous pratiquons bien souvent le vol du lapin avec l'aide du furet, et nous ne saurions trop recommander l'observation des précautions ci-dessus ; car, outre qu'il est fâcheux de perdre des lapins empiétés dans ces circonstances, on court risque de décourager un oiseau, qui mérite toujours après un aussi grand déploiement de vigueur d'être récompensé sur sa proie même.

VOL DE LA PERDRIX

Les éperviers y sont incontestablement les meilleurs. Les tiercelets d'autour y sont très bons aussi et doivent être préférés aux autours femelles qui ont moins de vitesse qu'eux.

A l'ouverture de la chasse les perdreaux se laissent bien approcher, et ce vol peut procurer beaucoup de plaisir ; il nécessite alors peu de précautions, et les prises peuvent être nombreuses. Nous vous engageons, si vous vous servez d'un épervier, à marcher droit devant vous, accompagné de deux aides placés à petite distance, et à lâcher dès que le perdreau se lèvera ; l'épervier l'aura vite empiété. Si vous vous servez d'un tiercelet d'autour, vous pouvez, si le perdreau tient bien, essayer de même ; mais il sera préférable de faire lever la compagnie et d'aller la relever à la remise. Tenez-vous donc tout d'abord fort en arrière afin que votre autour ne se débatte pas au départ du gibier, et ne prenez les devant que pour aller à la remise ; un peu plus tard en saison, vous devrez fatiguer les perdreaux par deux ou trois vols successifs pour donner à vos oiseaux le plus d'avantage possible. Dans le cas où vous vous serviriez d'un chien d'arrêt vous prendriez les mêmes précautions qu'il a été dit pour le vol du lapin.

Si vous chassez en battue, vous pouvez vous servir de deux oiseaux, tenus à chaque aile de la quête et fort en avant ; cachez-vous, et dès que les perdreaux, déjà un peu fatigués, passeront à portée, lâchez. Faites courtoisie aux oiseaux sur le premier perdreau qu'ils auront empiété.

Si vous vous servez de deux autours, prenez toutes les précautions possibles pour qu'ils ne puissent voler le même oiseau. Ceci pour éviter une lutte le plus souvent mortelle.

VOL DU FAISAN

Ce vol se pratique avec l'autour ou son tiercelet; c'est un vol facile, le départ du faisan étant assez lourd. Commencez par faire empiéter un faisandeau d'escap et tenu en filière, et paissez votre oiseau dessus; répétez, si vous le voulez, cet exercice une seconde fois, et votre autour pourra voler pour bon.

Le vol de la caille, de la poule d'eau, du canard, de la pie, de la corneille, etc., se fera de même. Mais il faut absolument, pour pratiquer ces différentes chasses, voler à la toise, c'est-à-dire approcher le gibier le plus près possible. La caille et la poule d'eau se volent de préférence avec l'épervier. La pie et le canard avec les autours femelles ou de bons tiercelets.

VOL DU LIÈVRE

Ce vol ne se pratique qu'avec une forte femelle d'autour. Il est de toute nécessité de

Prise d'un faisan par un autour.

commencer par de jeunes levrauts et d'aller progressivement. Nous avons dit qu'il était préférable de choisir les plus fortes femelles, encore doit-on les réserver exclusivement à ce vol, par la raison que le lièvre étant doué d'une force musculaire énorme comparée à celle de l'autour, il faut, de la part de ce dernier, une vigueur et un courage très grands pour s'attaquer à pareil adversaire. Or si, après l'avoir mis sur le lièvre, vous lui faisiez empiéter des lapins, il se plairait bien vite à ces prises qui lui donnent moins de mal, et se rebuterait certainement dès qu'il aurait affaire à plus forte partie.

Dès que l'autour connaîtra bien son gibier et qu'il aura pris quelques bons levrauts, puis quelques gros lièvres d'escap tenus à une longue filière, allez en plaine et lâchez-le sur le premier qui partira devant vous à moins de cinquante mètres. Pour commencer, ne lâchez pas, si le lièvre est trop loin ; certes un peu plus tard vous pourrez lâcher sur des lièvres qui se lèveront à cent mètres, mais au début, ne fatiguez pas votre autour par un vol trop long qui lui enlèverait toute la vigueur dont il a besoin. Si le lièvre est bien empiété par la tête ou l'épaule, la lutte ne sera pas longue ; mais si l'autour l'a mal saisi, soit par le dos ou par le train de derrière, il est certain que le quadrupède, s'il pèse cinq ou six livres, se dégagera. L'autour repartira sûrement une première fois à sa poursuite et le rattrapera ; mais si la tentative est comme la première malheureuse et si l'autour, essoufflé, reste ahuri sur le sol regardant partir la proie qui lui échappe, avancez-vous alors, réclamez-le sur le poing avec le tiroir, et pour rien au monde ne continuez la chasse. Recommencez le lendemain les exercices d'escap avec de jeunes levrauts et attendez, pour vous attaquer à de gros lièvres que l'oiseau connaisse mieux son affaire.

Si, par contre, le lièvre était bien empiété, arrivez vite au secours de votre oiseau, abordez-le par devant, saisissez le train de derrière du captif, et lui ouvrant la tête au moyen du couteau laissez votre autour se paître de sa cervelle. Reprenez alors l'oiseau sur le poing, tenez-le un moment en repos et, dès qu'il se sera secoué, manifestant ainsi sa parfaite quiétude et aussi sa joie d'avoir bien combattu, mettez-vous à la recherche d'un nouveau gibier. Si vous avez la chance qu'il soit plus faible que le premier, la prise n'en sera que plus facile, et vous pourrez rentrer au logis avec la certitude que votre oiseau, mis en goût par ce double succès, se comportera bien les fois suivantes. Il arrive souvent qu'un lièvre poursuivi par un autour et se voyant sur le point d'être empiété fait un brusque crochet à angle droit, s'arrête et repart dès qu'il se voit poursuivi de nouveau pour recommencer plus loin. C'est une manœuvre habile qui fatigue l'autour et c'est presque toujours le salut! On empêche le lièvre d'agir ainsi, soit en chassant à cheval et en galopant à la poursuite du fugitif, soit en lâchant en même temps que l'autour un chien quelconque habitué à l'oiseau. La seule vue du chien forcera le lièvre à continuer sa course.

CONSEILS GÉNÉRAUX

Les maladies qui surviennent aux oiseaux étant souvent difficiles à guérir, il convient de rechercher soigneusement les moyens capables d'en éviter les causes.

Pour entretenir un oiseau en bon état de santé, il faut le nourrir constamment de viande saine et en varier de temps en temps la nature. Le gibier est sans contredit le meilleur de tous les aliments, puisque c'est celui dont se compose la nourriture de l'oiseau à l'état sauvage ; on peut néanmoins lui substituer pendant un certain temps de la viande de boucherie, à la condition expresse qu'elle soit fraîche et débarrassée de tout ce qui pourrait indisposer l'oiseau, tel que graisse peau ou nerfs.

Dans le cas où cette nourriture serait pendant quelque temps la seule qu'on puisse se procurer, il serait bon de remplacer par quelques petites boules d'étoupe, de la grosseur d'une fève, les cures naturelles, poils ou plumes, que l'oiseau trouve dans le gibier et qui lui sont indispensables pour se débarrasser des flegmes ou humeurs de l'estomac. Les cures devront être données au moins deux fois par semaine, et vous ne nourrirez jamais l'oiseau le lendemain avant qu'il ne les ait rendues sous forme de pelote. Celle-ci doit être de forme ovale, assez compacte et légèrement humide ; elle est, dans ce cas, un indice de santé. Si vous la voyez désagrégée et très gluante, purgez l'oiseau légèrement avec un peu de poudre de rhubarbe ou 2 ou 3 grammes d'aloès placés au centre d'une beccade. Les bains seront présentés tous les trois jours en été et tous les huit jours en hiver ; pendant les grands froids, il sera bon de se servir d'eau tiède.

Dans le cas où un oiseau aurait été baigné à une heure assez avancée de la journée, ne le liez pas à la perche ou au bloc avant qu'il ne se soit bien séché, soit à l'air, au soleil, soit devant le feu, car s'il passait la nuit mouillé, il tomberait infailliblement malade. *Portez vos oiseaux le plus possible, tout le secret est là.* Si, pour un motif quelconque, ils avaient été négligés et s'ils étaient restés quelque temps inactifs à la perche, ne les lâchez point en liberté avant de vous être assurés de leur docilité en les mettant à la filière, et, dans ce cas, ne projetez aucune partie de chasse si vous n'êtes pas sûrs de pouvoir les porter quelques jours auparavant. Méfiez-vous d'un oiseau qui, une fois enlevé de la perche, se débat violemment et reste pendu la tête en bas. N'entreprenez rien avec lui ce jour-là ; portez-le longtemps et remettez tout exercice à un autre jour. Un oiseau *non dressé* qui se débat et se renverse se remonte sur le poing au moyen de la main droite ouverte avec laquelle on le soulève par le dos, et un oiseau *qui a l'habitude du poing*, au moyen d'un petit mouvement assez semblable à celui d'un joueur de bilboquet, et qu'un peu de pratique enseignera bien vite.

Ne donnez jamais gorge sur gorge. Examinez souvent les émeuts qui doivent être presque blancs ; si vous les trouvez très noirs ou verdâtres, purgez vos oiseaux au moyen d'un grain d'aloès placé dans une beccade et, pendant une semaine, donnez-leur tous les deux jours quelques petits morceaux de viande trempés dans un peu d'eau sucrée.

Un pât composé de viande qu'on aura laissé tremper dans l'eau froide l'été et dans l'eau tiède l'hiver, pendant une demi-heure environ, et dont on aura ensuite exprimé fortement le jus, sera une excellente nourriture à donner de temps en temps. La viande ainsi préparée constituera comme une purgation douce qui rafraîchira l'oiseau et augmentera sûrement son appétit. Nous le recommandons vivement, la veille du jour de chasse, pour les élèves qui ne viendraient pas très franchement au poing.

Examinez fréquemment le plumage de vos élèves. Si vous les voyez se gratter ou s'éplucher souvent, et si vous apercevez le moindre parasite, poivrez-les immédiatement.

Ne passez jamais par une porte sans contregarder l'oiseau de la main droite et de l'avant-bras; vous l'empêcherez ainsi de s'abîmer les ailes s'il venait à se débattre.

Autant que possible, abordez un oiseau par devant; s'il vous tourne le dos sur le poing ou sur la perche, faites-le pivoter en lui appuyant la main droite sur le haut du balai pour qu'il se tourne de votre côté.

Un oiseau réclamé se fait-il prier? ne perdez pas patience et ne vous servez du leurre qu'à la dernière extrémité; dans ce cas, remettez l'exercice ou la chasse à un autre jour. Évitez à vos élèves tout sujet de frayeur et ne les habituez que progressivement aux objets dont ils auraient peur; vous n'obtiendriez aucun résultat par la contrainte. Assurez-vous souvent, en appuyant le pouce et l'index de chaque côté de la poitrine, de l'état d'embonpoint des oiseaux, pour les abaisser ou les remonter progressivement s'ils n'étaient pas en condition. En général, le sternum doit être légèrement saillant.

Certains oiseaux deviennent criards; cela provient de ce qu'ils ont, à un moment donné, souffert de la faim. Dès qu'ils prennent cette mauvaise habitude, nourrissez-les pendant quelques jours un peu plus que vous n'avez coutume de le faire, vous arriverez souvent à les en guérir. Dans tous les cas, séparez-les de vos autres élèves, rien n'étant plus contagieux que ce vilain défaut.

Avant de terminer ce chapitre, nous allons donner à ceux qui, pour la première fois, reçoivent un oiseau, quelques conseils qu'ils trouveront, croyons-nous, fort utiles ; rien n'étant plus embarrassant pour les débutants que la façon d'opérer dans ces circonstances.

Si l'oiseau qu'on doit vous envoyer n'est pas dressé, procurez-vous, avant son arrivée, tout ce qu'il faut pour l'entraver, c'est-à-dire jets, tourets, longes et sonnettes ; n'oubliez pas le gant et préparez la perche. Vous est-il envoyé en linge ? armez-le comme il est dit au chapitre sur la pose des entraves. Vous arrive-t-il dans un panier ? mettez le gant, soulevez légèrement le couvercle, passez le bras à l'intérieur, saisissez l'oiseau sans brusquerie par les deux pieds, ouvrez le panier tout grand et enlevez l'oiseau vivement. Mettez-lui alors la chemise, armez-le et liez-le au bloc.

Si l'oiseau est dressé, agissez de même, avec cette différence qu'au lieu de le saisir par les pieds, vous l'enlèverez par les deux jets que vous aurez réunis dans la main ; passez lesdits jets dans le touret, enfilez la longe et, après avoir porté l'oiseau quelque temps, en lui présentant une beccade, mettez-le à la perche ou au bloc.

Redressez, en les trempant dans un pot d'eau chaude, les plumes des ailes ou du balai qui auraient été froissées pendant le trajet ; choisissez, dans le premier cas, le moment où l'oiseau est recouvert de la chemise et, dans le second, celui où il mange sur le poing.

DES VOYAGES

Si vous avez un long trajet à faire pour arriver au rendez-vous de chasse, vous ferez bien de mettre vos oiseaux dans les paniers. Pour cela, ôtez les longes et ne laissez qu'un seul jet au touret. Les oiseaux prendront bien vite l'habitude de ce mode de transport et finiront par se laisser déposer dans le panier sans se débattre.

Pour les en retirer, soulevez légèrement le couvercle de la main droite, passez le bras gauche dans l'intérieur, saisissez les jets et, après avoir ouvert complètement le couvercle, enlevez votre oiseau.

Si la distance n'est pas longue, vous pouvez porter vos chasseurs sur le poing, à la condition toutefois qu'ils ne se débattent pas, car ils se fatigueraient vite et courraient risque de se blesser. Nous en avons eu qui restaient tranquillement au poing sur l'impériale d'un omnibus et que nous emmenions ainsi à plusieurs lieues de distance. Une fois arrivés, si les oiseaux ont voyagé dans les paniers, promenez-les un instant et attachez-les à un piquet ou sur le panier même, jusqu'au moment où vous serez prêt à commencer la chasse. Évitez, dans ce cas, qu'ils ne soient dérangés par des chiens auxquels ils ne seraient pas habitués.

Si, en route, vous devez coucher dans un hôtel, assurez-vous d'un endroit fermé à clef où vos oiseaux pourront passer la nuit ; si la chose n'était pas possible, prenez-les avec vous dans votre chambre, en ayant soin de piquer, au moyen d'épingles, quelques journaux sur le papier de l'appartement et à l'endroit voulu, pour que les émeuts de vos chasseurs ne vous exposent pas le lendemain, au moment du règlement de votre note, à des surprises désagréables.

En cas de voyage par chemin de fer, surveillez vos paniers, assistez vous-même à leur installation dans le fourgon aux bagages et recommandez-les au chef de train. Nous avons vu de ces paniers jetés brutalement du fourgon sur le quai par des employés stupides et roulés ensuite comme des tonneaux malgré leur étiquette : *Très fragile.*

Dès que vos oiseaux en seront sortis, donnez-leur une beccade et trempez-leur la queue dans un long pot rempli d'eau chaude pour leur redresser les pennes froissées du balai et du bout des ailes. Si un oiseau avait un voyage de plusieurs jours à faire sans être accompagné, donnez-lui au dernier moment une très forte gorge et arrangez-vous, si cela est possible, pour lui faire jeter, à mi-chemin, par le couvercle entr'ouvert, un pigeon fraîchement tué.

CONCLUSION

Nous avons essayé de démontrer, d'une façon aussi claire que possible, les moyens propres à s'emparer des oiseaux, à les élever, à les dresser et à s'en servir aux différents vols auxquels on les destine. Nous avons ajouté à ces indications quelques notes sur la façon de conduire les chasses et sur la manière de traiter les maladies des oiseaux. Ces moyens sont ceux que nous avons toujours employés ; ce sont ceux que nous recommandons. Nous n'avons pas la prétention de les donner comme les seuls bons, chaque fauconnier a un peu sa manière de faire qui lui est propre et qui, en ce qui concerne les détails, bien entendu, diffère de celle de son voisin. Nous avons simplement la conviction qu'en suivant exactement les préceptes donnés dans cet ouvrage on arrivera à de bons résultats. C'est, comme nous l'avons dit, le seul but auquel nous visions, et nous nous estimerons satisfaits, le jour où nous saurons qu'avec le seul secours de ce traité, un de nos lecteurs sera parvenu à capturer un oiseau, à le dresser et faire prise.

Certes, quelques déboires attendent les commençants ; qu'ils ne se rebutent pas ; les insuccès de la première année ne se renouvelleront pas la seconde, et l'expérience acquise préviendra toutes les difficultés éprouvées au début.

En résumé l'autourserie est un sport facile qui constitue à la campagne une distraction charmante ; il est à la portée d'une foule de chasseurs qui ne s'y livrent pas parce qu'ils l'ignorent ou s'en exagèrent les difficultés. Peut-être en feront-ils l'essai le jour où ils sauront que, pour le pratiquer, il suffit d'un peu de patience et de méthode !

ÉTUDE

LA PÊCHE AU CORMORAN

DESCRIPTION ET MŒURS

Le cormoran est un palmipède de la famille des totipalmes. Ses doigts, au nombre de 4 à chaque pied, sont réunis entre eux par une large membrane ; cette particularité permet à l'oiseau, dont la musculature est très puissante et le corps fort allongé, de nager avec la plus grande rapidité et d'évoluer dans l'eau avec une agilité extraordinaire.

Son bec plus long que la tête est droit et robuste ; sa mandibule supérieure est recourbée à la pointe et s'incruste dans le corps du poisson qu'il a saisi.

L'œil verdâtre est plein de malice et de cruauté.

Les tarses sont forts et courts, les jambes emplumées jusqu'à l'articulation.

Le gosier et le cou sont très dilatables, ce qui permet à l'oiseau d'engouffrer des poissons énormes si on les compare à sa taille.

Les cormorans vivent généralement par troupes et se tiennent volontiers dans les rochers du bord de la mer ou à l'embouchure des rivières ; on en voit en Bretagne des quantités considérables.

Contrairement aux canards dont il a un peu la forme (mais bien plus élancée) le cormoran ne peut rester longtemps dans l'eau, car il ne possède pas, comme eux, de glande caudale qui secrète la liqueur huileuse avec laquelle il se lissent le corps. Il en résulte qu'au bout de quelque temps, les plumes de notre oiseau s'imbibent, et qu'il éprouve alors l'impérieux besoin de se sécher en se perchant sur une petite éminence qui lui permet d'étendre et de sécher ses ailes (ce qui s'appelle faire large).

On compte 4 espèces de cormorans : le cormoran commun

Cormoran dressé au repos.

(Pelicanus carbo), le petit cormoran (pélicanus gracilis), le cormoran d'Afrique ou nigaud (pélicanus Africanus) et le cormoran à face rouge (pélicanus uribe). C'est du 1er de ces cormorans, le plus fort, le plus facile à trouver, que nous allons nous occuper.

ORIGINE DE LA PÊCHE AU CORMORAN

La pêche au cormoran est pratiquée en Chine depuis un temps immémorial, et il y a tout lieu de croire que, de tous les oiseaux dont l'homme a pu s'assurer la collaboration, le cormoran est celui qui vient en première ligne.

Qu'y avait-il de plus simple, en effet, pour des gens observateurs (et les Chinois peuvent prétendre à ce titre) que de s'adjoindre le concours d'un oiseau aussi adroit, alors surtout qu'en lui taillant

Cormoran faisant large (On remarquera que les vanneaux de l'aile gauche sont coupés comme il est dit plus loin.)

une aile on le mettait dans l'impossibilité absolue de se perdre ?

De là à l'empêcher d'avaler sa proie en lui garnissant le cou d'un collier il n'y avait qu'un pas, et le fait de le rendre obéissant n'était qu'un jeu.

Cette pêche se pratique encore dans tout l'extrème Orient, tant en Chine qu'au Japon et à ce sujet nous ne pouvons résister au désir de reproduire ici un fort intéressant article paru dans la *Revue Britannique* de M. Pierre Amédée Pichot notre distingué confrère.

« Connaissez-vous Gifu ? Gifu est une préfecture et une station

« de chemin de fer à une heure de Nogoya, la capitale de la pro-

Pêche de nuit au Japon.

« vince d'Owari. On y fabrique des crêpes, des lanternes et des
« parasols ; on y trouve des spécimens de ces petits chiens japo-
« nais, *chins,* si recherchés en Europe ; mais, avant tout, on y
« élève des cormorans et on utilise les talents de ces oiseaux en

« faisant de la capture de la truite un sport et un objet de com-
« merce pendant tout le mois de juillet. C'est l'époque où le *haï*,
« petite truite blanche à la chair exquise, se montre et remplit
« les nombreux cours d'eau qui arrosent le pays du soleil levant.
« On le trouve partout, ce haï, à Kioto comme à Kobé, dans les
« hôtels comme sur la table des riches Japonais ; mais, quoi qu'on
« ait essayé, il n'y a qu'une école de dressage des cormorans,
« et c'est à Gifu seulement, dans le Nagara Kawa, que les ama-
« teurs peuvent s'offrir le luxe d'une pèche fantastique. Pas de
« préparatifs, d'ailleurs, pour le touriste. Le décor ne change pas
« et, quel que soit le jour auquel on se présente, on peut être sûr
« de la représentation. Une nuit sans lune est cependant préfé-
« rable, disent les connaisseurs. Vous arrivez à l'hôtel de Gifu et,
« pendant votre dîner, l'hôtelier, sur un simple mot, a fait pré-
« parer la barque nécessaire. Aussitôt le repas terminé, la *djin-
« rika*, la brouette japonaise qui sert de mode de locomotion
« d'un bout à l'autre de l'empire, vous guette à la sortie et dans
« un quart d'heure vous conduit sous un grand pont, au bord
« d'une rivière bien claire, peu profonde, mais rapide, qui coule
« d'un côté le long d'un village et de l'autre au pied d'une grande
« montagne conique boisée, un de ces paysages ravissants de fraî-
« cheur comme on en trouve des milliers au Japon.

« Les barques des visiteurs sont déjà alignées le long de la
« berge ; ce sont de coquets bateaux recouverts d'un toit, tapis-
« sés à l'intérieur d'une fine natte sur laquelle prennent place les
« curieux. Il y a des bourgeois paisibles qui ont amené leurs
« enfants, des philosophes ou des poètes qui viennent rêver, des
« étrangers que l'inconnu attire, des désœuvrés, des viveurs.
« Beaucoup de dames. Tout Japonais qui s'amuse fait venir quel-
« ques danseuses ou joueuses de guitare pour lui tenir compa-
« gnie. L'hôtelier, auquel on commande le bateau, y introduit,
« sans ordre spécial, domestiques et rafraîchissements, mais
« demande naturellement combien il faut de *gueshas* (danseuses).

« Peu à peu la nuit se fait, les barques s'illuminent avec des

« lanternes de couleur ; un à un viennent s'échouer les pêcheurs
« à côté de vous, et, à la lueur d'un grand feu de bivouac allumé
« à terre, dans chaque bateau de pêche, deux hommes procèdent à
« la toilette des oiseaux. Il y en a vingt-quatre par bateau dans
« un grand coffre. Un des hommes extrait le cormoran par le cou
« et, pendant qu'il le tient ainsi suspendu, il le caresse ou plutôt
« le chatouille de façon que, sans aucune résistance ni mouve-
« ment, l'oiseau se laisse attacher à la patte la corde, qui, le
« tenant sous le ventre, vient se terminer par un anneau destiné
« à arrêter le passage du poisson de la gorge à l'estomac. L'opé-
« ration totale dure une vingtaine de minutes. Pendant ce temps,
« sur une potence mobile, à l'avant de chaque bateau, s'allume
« un brasier de bois et de paille, qui jette sur la rivière des lueurs
« intenses mais inégales. Les hommes sont à leurs postes, les
« cormorans à l'eau, courant de-ci de-là, agités, nerveux, au
« milieu des flammèches qui tombent du brasier. Quatre pêcheurs
« seulement par bateau. Celui de l'arrière godille et gouverne ;
« par le travers, le second, armé d'un aviron, pousse sur le fond,
« sur les barques ou sur les roches, de façon à assurer la direc-
« tion convenable. Aux deux extrémités, debout, bien en vue,
« celui de l'avant presque dans la flamme, les deux maîtres
« pêcheurs, chacun conduisant ses douze cormorans, tenant la
« corde mère qui aboutit aux douze cordelets. Nous voilà partis.
« Deux coups d'aviron seulement et la flottille des pêcheurs est
« emportée dans le courant, suivant ou précédant les bateaux des
« visiteurs étincelants de lanternes. Les barques se touchent.
« D'un côté, le bruit des guitares, les chants des « gueshas » ;
« de l'autre, une sorte de murmure mélodieux qui excite les
« cormorans ou les rappelle au devoir. Ceux-ci, cependant, sont
« tous de vieux limiers connaissant leur affaire. Le conducteur
« les suit de l'œil et débrouille admirablement ses cordes de façon
« à les tenir claires en dépit des évolutions multiples des oiseaux.
« On dirait une meute aquatique, mais docile, dressée. Les
« oiseaux sont faits au bruit, à la flamme ; ils nagent, plongent,

« reparaissent la tête haute, l'œil brillant et chaque fois avec un
« poisson en travers du bec, qu'ils se hâtent de faire disparaître
« pour plonger de nouveau, en reprendre un autre ou peut-être
« pour jouir plus longtemps d'une capture qu'ils savent n'être
« que provisoire. Le maître est là, en effet, qui ne les perd pas de
« vue, se rend compte de la grosseur inusitée que prend le cou de
« l'animal et, sans se départir un instant de sa surveillance, il tire
« vivement à lui celui qu'il croit le plus riche en butin, le prend
« par le cou, lui baisse la tête et, par une simple tape, lui fait
« dégorger instantanément sa part de prise au fond du bateau.
« Cinq secondes à peine et le cormoran est rejeté sans égard à
« l'eau, furieux, humilié, plongeant aussitôt pour se venger sur
« quelque nouveau poisson de la déception dont il vient d'être
« victime. Vite, un nouvel oiseau est tiré à bord. Et la pêche
« continue, les bateaux toujours emportés par le courant au milieu
« des cormorans agités, fiévreux, qui plongent, à la lueur fantas-
« tique des lanternes et des brasiers, pendant que les guitares
« font entendre leur musique, que les pêcheurs susurrent leurs
« cris d'encouragement, sans qu'il y ait d'arrêt, d'incident. C'est
« un agencement parfait de la part des oiseaux, des pêcheurs et
« des bateliers. Puis, brusquement, en face d'une île ou d'une
« maison, les barques des visiteurs s'arrêtent toutes à la fois,
« virent de bord et, pendant que les brasiers disparaissent dans
« le lointain, les coquettes embarcations, qui laissent encore
« échapper leurs chants de plaisir, remontent lentement vers leur
« point de départ, le grand pont dont on aperçoit bientôt les
« lumières. Le spectacle a duré trois quarts d'heure, un rêve de
« quarante-cinq minutes dont on se réveille avec peine. Et le len-
« demain matin, quand vous quittez l'hôtel de Gifu et que le
« propriétaire, après une dernière génuflexion, dans le compli-
« ment d'adieu, vous tend le petit cadeau traditionnel, au lieu du
« tunnel et du train de chemin de fer que l'aubergiste de Nogoya
« a fait peindre sur l'éventail de rigueur, vous trouvez, sur le
« souvenir symbolique de Gifu, le pêcheur de cormorans, debout,

« éclairé par la lueur du brasier, tenant en laisse onze oiseaux qui
« nagent et faisant rendre gorge au douzième des « haï » que le
« gourmand avait eu la prétention de s'approprier. Quand au
« poisson lui-même, si vous croyez ne pas l'avoir suffisamment
« apprécié sur la table de l'hôtel, vous n'étonnerez pas les Japo-
« nais en demandant à emporter votre part de pêche sous la forme
« de quelque bourriche. Enfin, si vous voulez un souvenir plus
« durable, entrez chez le grand fabricant de lanternes, Teshiga-
« wara Navjiro, qui vous tendra malheureusement, comme un
« homme au courant des choses modernes, un véritable prospec-
« tus rédigé en anglais, dans lequel sont relatés les inventions
« et les perfectionnements dont il se déclare l'auteur avec aussi peu
« de modestie qu'un Mangin européen. Ne vous arrêtez pas à ce
« boniment et, tout en rejetant cette attache trop civilisée, achetez-
« lui pour votre antichambre quelques-unes de ces char-
« mantes lanternes, véritables œuvres d'art, à double enveloppe
« de papier, sur lesquelles des peintures très finement détaillées
« vous rappelleront chaque soir la pêche des cormorans de
« Gifu. »

Nos ancêtres ont également pratiqué cette pêche. En Angleterre,
sous Charles Ier, il y avait un maître des cormorans et cette charge
était des plus recherchées.

En France, sous Henri IV et surtout sous Louis XIII on pêchait
au cormoran dans les étangs de Fontainebleau et ce divertissement
donnait lieu aux fêtes les plus somptueuses.

Sous Louis XV, le chef des cormorans était François Sevin de
la Penaye, logé dans le parc de Fontainebleau.

Parmi les amateurs modernes qui se sont livrés sérieusement à
ce sport charmant, il convient de citer en Angleterre le capitaine
Salvin représenté plus loin en train de pêcher en rivière avec
3 cormorans.

En France nous devons mettre en 1re ligne M. De la Rue, ins-
pecteur des forêts de la couronne à Corbeil, qui eut des oiseaux
admirablement dressés, et M. le Cte Le Couteulx dont le jeune valet

La Jeunesse et son cormoran Tobie. (Équipage de M. le comte
Le Couteulx.)

de chiens, la Jeunesse, est figuré ci-contre avec son cormoran Tobie, qui « faisait merveille ».

AFFAITAGE DU CORMORAN

Où trouver un cormoran? Deux moyens s'offrent à vous : Le faire prendre au nid si le moment est propice (il n'en manque pas, au printemps, au pied des falaises de Bretagne et de Picardie) ou l'acheter dans un Jardin zoologique ou chez un marchand d'oiseaux en Allemagne ou en Autriche : coût 25 à 30 francs.

Nous avons donc commandé un cormoran, ou plutôt deux si nous voulons avoir plus d'agrément; il s'agit de les recevoir.

Avant la réception des oiseaux vous aurez eu soin de préparer un endroit ou vous pourrez les loger : une petite volière par exemple exposée au soleil si possible, avec, au fond, un petit abri en cas de pluie; par terre 2 blocs et un bassin rempli d'eau.

Les blocs sont des cylindres ou morceaux de bois de forme similaire de 15 centimètres de diamètre environ et percés d'un trou central qui reçoit une tige enfoncée dans le sol.

Quant au bassin, c'est un baquet ou un tub quelconque enterré de façon à ce que les bords arrivent au ras du sol; profondeur 20 centimètres environ.

Il convient aussi de préparer les jets; on appelle ainsi les 2 lanières de cuirs qu'on fixe aux tarses des oiseaux par un nœud spécial (voir au traité de Fauconnerie).

C'est en tenant les jets entre les doigts de la main gauche armée du gant qu'on maintient l'oiseau qui veut se débattre.

'En ce qui concerne les cormorans on se passera de jets dans la suite, mais au début, il faut en mettre aux 2 pieds et non pas à un seul comme je l'ai lu et entendu conseiller et voici pourquoi : Si un oiseau se débat et s'il n'est tenu que par un tarse, n'est-il pas évident qu'il pourra en se jetant hors du poing se démettre l'articulation de la cuisse, tandis que s'il est maintenu également par les 2 lanières il ne risquera aucun accident de ce genre.

Tout est donc bien préparé : le panier arrivé du chemin de fer est transporté dans la volière : *faites-vous assister d'un aide*, soulevez doucement le couvercle, saisissez un des 2 oiseaux par le cou d'une main gantée, et sortez l'oiseau sans le lâcher.

Il se débat ! maintenez-le délicatement et coupez-lui avec une paire de ciseaux 12 à 15 centimètres des longues plumes de l'aile gauche. Nous disons l'aile gauche, parce que l'oiseau, devant être porté plus tard sur le poing gauche, risquerait en se débattant de vous égratigner la figure avec les tronçons des plumes de l'aile droite, si c'était celle-ci que vous aviez écourtée.

Fixez ensuite les 2 jets que vous aurez bien graissés au préalable. (Voir pour la pose des jets l'article des instruments, au traité de fauconnerie).

Ceci fait posez l'oiseau à terre ; il ira aussitôt dans un coin de la volière ; même opération pour le second. Tenez-leur un instant compagnie sans grands gestes et sans éclats de voix et jetez-leur quelques petits poissons où, à défaut, quelques morceaux de viande crue que vous aurez eu soin de mettre dans un panier de pêche ou dans un sac passé en bandouillère et à portée de la main droite.

Ce premier repas a pour but d'abord, de rompre un jeûne qui a pu être long si le voyage a duré quelque temps, et ensuite de montrer à vos oiseaux que vous ne leur voulez pas de mal..... au contraire.

Vous restez près d'eux pendant un moment encore et la première séance est terminée.

Le lendemain allez tenir compagnie à vos élèves et portez-leur à manger.

Présentez-leur la nourriture de la main gauche garnie du gant.

Si les oiseaux viennent franchement vous arracher de leur bec crochu le poisson ou la viande que vous leur offrez, c'est ou qu'ils ont très faim ou qu'ils sont déjà familiarisés et les progrès iront vite ; mais s'ils ont peur, s'ils restent dans leur coin, jetez-leur le poisson à petite distance, donnez-leur en très peu, recommencez

le même exercice une heure plus tard et persévérez ; dans 2 ou 3 jours
ils mangeront à la main et vous pourrez vous faire suivre par eux

Promenade des cormorans au dressage.

dans les allées du jardin ou du parc. Bientôt vous les aurez « dans
les jambes » ; il conviendra même, à ce moment de prendre certaines précautions si vous les sortez tous les 2 à la fois car vous

pourriez leur marcher sur les pieds et les blesser sérieusement ;
il vaudra donc mieux les sortir à tour de rôle.

NOURRITURE DU CORMORAN

L'appétit du cormoran est formidable et demande à être sur-
veillé, car si l'oiseau mange trop il sera indépendant et n'obéira
plus à son maître, qui ne spécule en somme, comme cela se passe
en fauconnerie, que sur la faim de son oiseau, et, s'il n'est pas
assez nourri, il n'aura pas la vigueur nécessaire à l'accomplisse-
ment de sa tâche ; donc, il est de toute nécessité de régler la nourriture de vos élèves.

Il est bien difficile de dire ce qu'il faut donner à chaque individu : l'observation seule l'indiquera : lorsqu'on portera l'oiseau
sur le poing on verra bien, en lui tâtant la poitrine de chaque
côté du sternum, s'il est maigre ou gras et s'il convient d'augmenter ou de diminuer sa nourriture journalière.

Mais, en principe, jamais de suralimentation ou gare à l'apoplexie à laquelle le cormoran est sujet en raison de sa voracité ;
six, sept, huit harengs ne lui font pas peur mais lui sont fort
dangereux. J'estime qu'un cormoran doit manger trois ou quatre
harengs par jour s'il ne travaille pas, et cinq ou six s'il a de
l'ouvrage. Mais qu'on ne prenne pas, je le répète, ces chiffres à la
lettre : qu'on observe bien si on doit « abaisser » ou « remonter »
l'oiseau, et qu'on le fasse progressivement. A défaut de harengs,
dont je parle pour fixer les idées, on peut prendre n'importe
quel poisson qu'on coupera par tranches allongées s'il est trop
gros ou de la viande crue, bœuf ou mouton. Mais surtout pas
de harengs saurs ni de viande salée ; car cette nourriture serait
mortelle !

DRESSAGE

Il s'agit maintenant de porter l'oiseau sur le poing et voici où
commencent tous les détails d'un bon dressage.

Munissez-vous du panier ou sac contenant la nourriture,
mettez votre gant et... couvrez-vous la tête d'un masque d'es-
crime !... C'est en effet votre figure qui va être l'objectif de
l'oiseau et les coups qu'il vous portera seront bien visés. Péné-

Promenade du cormoran dressé.

trez dans la volière : prenez de la main droite et sans brusquerie
un oiseau par le cou et posez-le sur la main gauche en saisissant
en même temps avec cette main les deux jets qui pendent aux
tarses de l'oiseau. Continuez à maintenir un instant le cormoran
par le cou et abandonnez-le à lui-même.

Ou il vous enverra un ou plusieurs coups de bec en plein
masque ou il se débattra ; maintenez ferme les jets ; s'il pend la

tête en bas reprenez-le par le cou avec la main droite et reposez-le
sur le poing gauche autant de fois qu'il le faudra et doucement.

Il pleut des coups de bec. Laissez-les venir. Enfin le calme
revient ; faites quelques pas dans la volière. L'élève reste-t-il

La mise au bloc.

tranquille ? Arrêtez-vous un instant ; prenez un morceau de poisson et donnez-le lui. Répétez ce manège et continuez pendant plusieurs séances. Persévérez, votre patience viendra vite à bout de
la résistance de l'oiseau.

Donnez au début à vos oiseaux trois repas par jour en rationnant leur nourriture. Faites-les toujours venir à vous et, ce
faisant, ne manquez jamais de les siffler d'une façon quelconque
mais qui sera toujours la même : c'est ce qu'en fauconnerie on
nomme le « Réclam ».

Prenez aussi la précaution, quand vous les poserez à terre, de
ne pas leur briser les plumes de la queue : un peu plus tard

il sera préférable de baisser le poing et de les laisser sauter
d'eux-mêmes sur le sol ou sur le bloc.

EXERCICES DE PÊCHE

Il s'agit de savoir tout d'abord si les cormorans qu'on vous à
envoyés sont pêcheurs, car bien qu'adultes il pourraient n'avoir

La mise du collier.

jamais pêché, si depuis leur jeune âge ils ont passé leur vie chez
un marchand : mais rassurez-vous ils pêcheront bien vite. Pour
cela il faut opérer dans un petit bassin d'une certaine profondeur
dans lequel vous aurez jeté quelques poissons vivants : gardons
ou tanches, goujons, ablettes, etc., etc.

Mettez vos oiseaux à l'eau et assistez à leurs ébats : s'ils ont
déjà pêché vous serez vite fixé ; s'ils ne l'ont jamais fait, jetez-
leur quelques morceaux de viande à droite et à gauche et un peu
loin d'eux pour donner aux dits morceaux le temps de bien descendre ; ils plongeront à l'instant pour s'en emparer : le poisson
se mettra alors en mouvement... les oiseaux aussi : la pêche est
commencée.

Au bout d'un moment vous verrez les cormorans revenir à la surface avec un poisson dans le bec ; le poisson est prestement lancé en l'air, retourné la tête en bas et ingurgité. Vos oiseaux savent pêcher ! mais vous ne pourrez juger des ressources merveil-

Le cormoran dégorgeant son poisson.

leuses dont la nature les a doués que lorsque plus tard vous les verrez pêcher en rivière.

Vous assisterez alors à un spectacle réjouissant : l'oiseau plonge, fouille les herbes du bord, le cou tendu, tel un chien d'arrêt qui buissonne. Rien n'échappe à sa vue ! Aperçoit-il un poisson il fond sur lui comme la flèche et de son bec crochu le saisit malgré tous ses détours. Pointes en avant, crochets à droite, à gauche, poursuite en rond, rien n'y manque. Si les eaux sont claires vous suivrez, avec un intérêt palpitant, toute cette série d'habiles manœuvres, et vous serez émerveillé de la vitesse prodigieuse de ces multiples évolutions !

Le capitaine Salvin pêchant en rivière.

Ici va commencer la partie délicate du travail. Rien n'est plus facile en effet que de rendre un cormoran familier, de l'habituer au poing, et de le faire pêcher le cou muni d'une courroie de façon qu'il ne puisse avaler sa proie : car on arrivera toujours à le reprendre quitte à le poursuivre et à le fatiguer : mais est-ce là du dressage ?

Non évidemment : il faut que l'oiseau obéisse et rapporte à son maître la prise qu'il a faite, car si le dressage du cormoran se rapproche beaucoup de celui du faucon, puisqu'il est basé sur les mêmes principes, il en diffère cependant par ce côté particulier qu'en fauconnerie, qu'il s'agisse de faucons, d'autours ou d'éperviers, on est toujours obligé d'aller chercher le gibier que l'oiseau a pris et qu'il ne vous rapportera jamais, malgré toutes tentatives de dressage faites pour arriver à ce but.

Il faut donc que le cormoran vienne à votre appel vous apporter son poisson, mais ne croyez pas que ce soit pour votre seul plaisir. Bien peu d'actions sont désintéressées sur cette terre, celles des cormorans en particulier. Examinons donc pourquoi il viendra à vous et comment vous arriverez à lui faire pratiquer malgré lui le « Sic vos non vobis ».

Vos oiseaux vous suivant facilement, mangent bien sur le poing, et sachant pêcher, vous les armez du collier qui n'est autre chose qu'une petite courroie en cuir souple de deux centimètres de largeur environ ; avec un peu d'habitude il se met très facilement de la main droite pendant que la main gauche tient l'oiseau par le cou ; ne le serrez pas trop ; qu'il s'applique mollement sur les plumes. Arrivés au bord du bassin jetez dans l'eau un poisson mort ou vivant, gardon ou petite tanche. Votre cormoran (qui devra être à jeun) se précipitera et remontera avec le poisson qu'il lancera en l'air pour le recevoir la tête la première. Il fait de vains efforts pour avaler, se dressant dans l'eau le plus droit possible (spectacle des plus amusants), pensant que la position verticale facilitera mieux le passage du poisson dans l'estomac. Vains efforts! le collier fait son office. Ne vous pressez pas :

laissez l'oiseau se fatiguer à ce jeu et gagner la rive. Approchez-vous alors de lui tout doucement en lui présentant de la main droite un petit poisson, goujon ou ablette assez petit pour qu'il puisse être avalé malgré le collier.

Si l'oiseau a bien faim, l'habitude qu'il a de venir au réclam chaque fois qu'on lui présente sa nourriture lui fera faire vers vous quelques pas. Il hésite ! réclamez-le toujours et dès qu'il arrivera à portée, saisissez-lui le cou de la main gauche sans brusquerie, faites-lui dégorger le poisson en exerçant de la main droite une légère pression sur le cou de bas en haut, faites disparaître prestement dans votre sac le poisson ainsi dégorgé et donnez à l'oiseau comme récompense un ou deux petits poissons vite avalés.

Cette première séance renouvelée souvent rendra votre cormoran docile et lui fera rapporter toutes espèces de poissons. J'estime qu'il faut au moins de huit à quinze jours pour que l'oiseau soit bien confirmé. Cet exercice du rapport peut se faire n'importe où ; à défaut de bassin vous pourrez jeter le poisson sur le sol et le réclamer ensuite.

Vous vous apercevrez bientôt que les jets qui traînent aux tarses de l'oiseau sont pour lui une gêne surtout lorsqu'il nage : commencez par les réduire de moitié comme longueur, pour les abandonner ensuite complètement lorsque vous verrez que votre cormoran se tient bien sur le poing ; mais, dans ce cas, vous le maintiendrez toujours par le cou sans le presser pour éviter qu'il ne tombe si, effrayé par une cause quelconque, il s'élançait hors du poing. N'oublions pas, en effet, qu'ayant une aile coupée il est déséquilibré, et qu'il tomberait lourdement sur le sol et risquerait de se blesser s'il était abandonné à lui-même.

VOYAGES

Pour voyager vous pourrez mettre vos deux oiseaux dans un panier rond assez haut pour qu'ils puissent se tenir debout et vous aurez soin de garnir le couvercle d'une pancarte avec ces mots : « Oiseaux vivants, très fragile », ceci pour éviter que les employés de chemin de fer ou autres ne roulent votre panier sur le quai.

Arrivés à destination, si vous devez séjourner quelque temps loin du lieu de pêche, lâchez vos oiseaux dans un endroit clos à l'abri des gambades ou des attaques des chiens, et remettez-les dans le panier s'il y a quelque distance à parcourir pour vous rendre à l'étang ou à la rivière.

CONSEILS SUR LA PÊCHE

Ne faites pêcher qu'un cormoran à la fois et ne mettez le second à l'eau que lorsque le premier aura besoin de se sécher.

Si le poisson est petit, serrez un peu plus le collier et vous verrez vos cormorans en absorber une dizaine avant de revenir au bord de l'eau.

Si une perche a été prise il faudra prendre la précaution suivante : comme elle a été avalée la tête la première, saisissez le cormoran au-dessous du collier et retournez la perche dans le cou de l'oiseau pour qu'il puisse la rejeter facilement, chose qu'il ne pourrait pas faire par suite du redressement de l'arête dorsale du poisson.

Pour cela rien de plus facile, et par une légère pression des doigts vous arriverez aisément à retourner le poisson que vous ferez alors remonter jusqu'à ce qu'il tombe à terre.

N'oubliez pas à ce moment de vous saisir rapidement du poisson ainsi rejeté et de l'escamoter prestement, car le cormoran, livré à lui-même, se précipiterait dessus et ce serait à recommencer.

La pêche dans les étangs est fort agréable, car on n'a pas à suivre son oiseau ; si on la pratique dans une petite rivière on aura souvent à suivre le cours de l'eau à la poursuite du cormoran qui pêche de préférence en descendant le courant : il sera bon, dans ce cas, de se munir d'une paire de bottes bien hautes.

CONCLUSION

Tels sont les quelques conseils que le cadre restreint que nous nous sommes imposé nous permet de vous donner. Il faudrait un volume pour parler de ces mille et un détails que l'expérience vous permettra de bien saisir.

Il y a plusieurs manières de dresser les animaux quels qu'ils soient et chacun préconise la sienne.

En ce qui concerne les cormorans nous donnons ici, sans dire qu'elle est meilleure qu'une autre, la façon dont nous nous y sommes pris et qui nous a réussi. Mais il y a une infinité d'autres « trucs » que vous pourrez employer et que l'observation et l'habitude vous suggéreront.

Rappelez-vous seulement que pour avoir de bons oiseaux de chasse ou de pêche, il faut trois choses :

1° Les nourrir d'une façon raisonnée ;

2° Les rendre obéissants et dociles ;

3° Les faire travailler beaucoup.

J'en oubliais une... et qui n'est pas la moindre, — les aimer !

TABLE DES MATIÈRES

TRAITÉ D'AUTOURSERIE

ÉTUDE SUR LA PÊCHE AU CORMORAN